韓良憶——著

好吃不過家常菜

韓良憶的廚房手帖

Contents

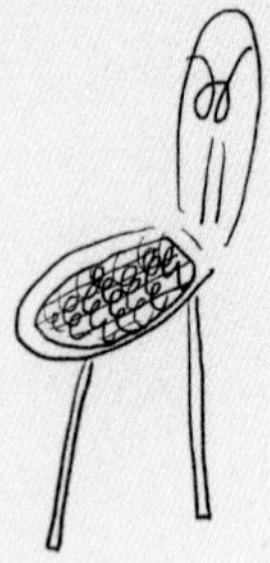

四月

五月

六月

七月

八月

九月

十月

十一月

十二月

作者序

最愛家常菜

又是黃昏，忙亂的一天過去了。我走進廚房，打開冰箱，看看有什麼存貨，思索著晚餐要吃什麼。從冰箱蔬果抽屜裡掏出一包自製雪菜，冷凍櫃中有前幾天吃剩的滷肉、兩塊豆皮和一盒小卷，米桶中盛著朋友前兩天才送來的池上米。那就將滷肉回鍋加熱後撒一把蔥花，再炒兩個菜，如此便有三道下飯的家常菜了。

取出專門炊飯的土鍋，開始淘米。朋友契作的米才剛收割，是新米，含水量較高，煮飯時不能加太多水，一米杯半的白米配一點六格的過濾水，差不多1：1.1的比例，應該夠了。

天氣熱，白米在鍋中僅需浸泡半小時，便可以開中大火煮，待鍋裡嘟嘟有聲，白色的蒸汽爭先恐後地自鍋蓋上的小孔竄出，這時就要轉中小火，讓它再煮五分鐘，這麼一來，緊貼著鍋底的米飯就能烤出一層薄薄的鍋巴。關火後，不掀蓋，燜二十分鐘，讓飯熟透且粒粒分明。

今晚，餐桌上江蘇遇見台南，有爸爸也有外婆的味道。

雪菜剁碎，豆皮切絲，加上冷凍毛豆一起炒，起鍋前熗一點紹興酒，增其酒香，這是江蘇爸爸生前愛吃的菜色，為父系的滋味。

三層肉加蒜頭、蔭油和米酒小火慢燉成滷肉，則是台南阿嬤的拿手好菜，做法承自母系。

小卷整盒置洗菜盆中，開自來水快速解凍後，用紙巾將小卷拭乾。橄欖油加上蒜頭、辣椒，起油鍋，小卷下鍋，不炒，中火半煮半泡，熱透就好，這些小卷買來時就是熟的。丈夫說「好像 tapas」；沒錯，小卷一撈捕上船就燙熟以保鮮，是台灣漁民習慣的做法，然而我的烹法實為南歐風，算是歐化的台味吧。

約兩百年前，法國美食家布里亞・薩瓦蘭寫下傳頌至今的名句：

「告訴我你吃什麼，我就可以說出你是誰。」

善哉斯言，從一個人或一戶人家餐桌上的菜，往往就看得出其人或那一家人的文化和社會背景。你瞧，我桌上的三道菜合起來不就是我：一個由江蘇爸爸、高雄媽媽孕育而成的台北人，嫁給荷蘭人，在旅居歐洲港都十三年後，回歸家鄉，在亞熱帶盆地過著家常的日子。

而我始終慶幸自己能夠擁有家常的日子，更喜歡以一道道家常菜，讚頌普通生活的美好。特別是在一場疫情改變這世界的現在，許多人原是不得已走進家中廚房，如今卻已逐漸體會到下廚這件事蘊含著安定的力量。不論世事再怎麼出乎意料又不可測，盤中的一條魚始終是一條魚，料理檯上的一方豆腐不會變成一塊牛肉，在人心惶惶的時代，這多麼令人安慰，而下廚者唯一該做也做得來的事，就是設法將這些食材，變成合胃口的食物。

對我來講，烹調家常菜，並非為了炫技或證明自己有多麼能幹，我單純只想端出從小吃到大的一些菜，還有在歐洲生活時嘗到的美味，與人分享，更希望能將這些好味道留下來。

在烹調的過程中，燒菜的人因為專注於手中廚事，常會忘掉腦中千般雜思、心底萬種糾結，當熱騰騰的飯菜一一端上桌時，我這個煮婦早已平心靜氣，以跨文化但適口的家常菜，告別白天，迎接安適的夜晚。

因此，有了《好吃不過家常菜》。如同我常說的，一本書的完成，從來不只是作者一個人的功勞，謝謝促成此書出版的《今周刊》編輯、行銷、數位內容、發行部門同仁，尤其是出版事業部的幸芳、宜君、弘一、澤葳。

是為序。

韓良憶 寫於庚子年小暑

一月

January

大白菜常見於我家餐桌，這是由於白菜耐貯藏，烹法又多，舉凡涼拌、煮湯、熱炒、清燉、紅燒、焗烤、醃漬，樣樣皆宜。

天氣熱時，我最愛吃涼拌白菜，不要菜葉，只取菜幫，切細絲，撒蔥絲、辣椒絲和芫荽末，再加一點豆乾絲和炒花生，襯托白菜的鮮脆，淋上醬油、醋、麻油、糖調和而成的醬汁，拌勻就行了。

寒天，那當然就要做熱燙軟糯的爛糊肉絲了。這是江蘇風味的家常菜，又名白菜肉絲，牙齒不是那麼有力的老人和小孩吃來都不費勁。我小的時候，父親常親手燒這道家鄉味給孩子吃，我跟著在廚房中兜兜轉轉，不知不覺就學會做法。

父親曾耳提面命，「爛糊肉絲，需清而鮮，色淡卻入味。」

要做好爛糊肉絲，訣竅沒別的，首先，需有耐心等候，務必將白菜燜爛，其次，絕對要克制加醬油為菜餚添色的欲望。

一轉眼，父親過世八年多，每當我烹煮爛糊肉絲時，眼前仍會浮現他將菜端上餐桌時那張笑咪咪的臉。

爛糊肉絲

材—料

大白菜 450 至 500 公克

腰內肉絲 120 至 150 公克

醃—料

鹽 1 小撮

番薯粉或太白粉水（半湯匙兌半湯匙水）

薑末半茶匙

白胡椒粉少許

調—味—料

鹽少許

紹興酒 1 瓶蓋（約 1 茶匙）

高湯或水半杯

番薯粉水（或太白粉水）、

白麻油或香油、白胡椒粉適量

做—法

1 大白菜菜幫和菜葉分開，各切細絲。肉絲用醃料醃15分鐘。

2 開大火，起油鍋，肉絲中加一點點油，便於攪散，加進鍋中，炒至變白即盛起。

3 利用鍋中餘油，炒菜幫絲，炒出水後，下菜葉絲翻炒1分鐘，淋入紹興酒和高湯（或水），轉小火，加蓋燜10分鐘、加鹽調味，如果白菜尚未爛，再蓋上鍋蓋，繼續燜3到5分鐘，燜至白菜軟爛，肉絲回鍋，拌炒均勻後用番薯粉或太白粉水勾薄芡，起鍋前淋一點白麻油，喜歡的話，也可以撒一點白胡椒粉。

十香菜

十香菜，又名十樣菜、什錦菜，上海人稱之為「如意菜」，是江浙一帶過農曆年必食的「年菜」。食譜往往代代相傳，材料並不名貴，做法也不難，卻很「勞力密集」，沒有耐心絕做不成。以我家的十香菜為例，食譜襲自父親的江蘇老家，用的都是冬春季蔬菜和尋常的南北貨，講求色彩繽紛，清脆爽口。此菜冷熱皆宜，我覺得冷食比熱吃更可口，臨上桌前淋少許白麻油和醋拌勻，味道更香且清爽。每年春節從除夕夜到大年初三，在一桌子大魚大肉中，這道蔬食總是頭一個盤底朝天。

材料

（必備）

黃豆芽、乾金針、

乾香菇、胡蘿蔔、木耳、

芹菜、豆乾或豆皮

（任選一樣）

菠菜或芫荽根、

蓮藕或冬筍、酸菜或榨菜

調味料

鹽、

紹興酒（可省）各適量

配料

青蒜絲或薑絲少許

做法

1 黃豆芽掐去鬚根，用滾水汆燙3分鐘後撈起瀝乾。金針泡軟後打個結，香菇泡軟切絲。除了菠菜和芹菜切成段，其他一律切成細絲。

2 熱鍋冷油，等油微微冒煙，就開始一樣樣分別以中大火炒，炒至軟中帶脆、熟而不爛，盛起。除了燙過的黃豆芽，炒時可熗點酒去豆腥味外，其他材料都只用鹽調味。

3 炒好的材料統統回鍋，最後撒點薑絲或青蒜絲，再稍加拌炒即成。

花椰菜濃湯

身邊越來越多年輕的朋友基於環保或單純因為不想吃肉，而開始茹素，不過他們吃的不是傳統的「全素」，偏向蛋奶素，以雞蛋和牛乳做為主要動物性蛋白質來源，而且不戒五葷（五辛），也就是說，蔥、蒜、韭、蕎頭（即藠蕎）和洋蔥皆來者不拒。

這道西式濃湯，就是為這些朋友而烹煮寫成，食譜中的高湯，不見得非得要用葷食的雞湯或大骨湯不可，改用洋蔥、胡蘿蔔和西芹熬煮的蔬菜高湯，味道同樣鮮甜。

另外，也可用同樣做法來煮青花菜濃湯，只要把白花椰菜改成青花菜就好。

材料

白花椰菜 1 顆
馬鈴薯 300 公克
月桂葉 1 片
蒜瓣隨意
高湯 1 至 1.2 公升
牛奶（或鮮奶油）隨意
歐芹（或細香蔥）末少許
冷壓初榨橄欖油少許

調味料

鹽和胡椒適量

做法

1 花椰菜切小塊，馬鈴薯削皮切小塊，喜歡蒜味的，可以剁一兩瓣蒜頭備用。

2 以上材料置於鍋中，加片月桂葉，倒入高湯，大火煮開轉小火，煮到菜都軟了，加鹽和胡椒調味，撈出月桂葉，丟棄。

3 等湯稍涼了，用果汁機或調理機打碎，回鍋，加點牛奶（或鮮奶油），無須再煮沸，中火熱透即可，分盛至碗中，撒點歐芹或細香蔥，淋一點冷壓初榨橄欖油。

從地中海到台北的廚房

朋友蘇珊送我一顆茴香頭，基部如燈籠般鼓起，飽滿鮮麗；猶濕潤的底部切口與翠嫩的色澤，透露著剛採收不久，滋味與質地應當甘甜又清脆。更少見的是，這顆頭並未被削髮，連梗帶葉約莫有兩呎長。我如獲至寶，小心翼翼捧回家。

稱之為寶，並不是我生性浮誇，愛誇大其詞，要知道茴香頭耐寒不喜熱，在台灣只有天涼時才種得好，更何況這顆茴香從頭到尾皆可入菜，難得有部位會進垃圾桶，你瞧是不是個寶？

先來說說那顆頭吧，它其實不是腦袋，而是葉；按植物學的說法，乃葉柄基部的肥大葉梢，因合抱而成球形，如球莖，因此又名球莖茴香（fennel bulb），亦有人稱之為佛羅倫斯茴香（Florence Fennel）。

台灣傳統市場上更常見到的是綠葉茴香，和茴香頭算是近親，中國北方愛用茴香葉包餃子，台灣煮婦煮夫則較常拿來炒蛋或煮魚湯。綠葉茴香仍偶見於野外，與其原生於地中海沿岸的老祖宗比較像，鬚葉翠綠茂盛，葉柄細，但底下並沒有「球莖」。茴香頭是變種，需人工栽植。

頭一回吃到茴香頭，是多年前的事了，那是在加州。好友帶我去義

大利館子用餐，點了烤蔬菜，盤中有一種菜模樣似切瓣的洋蔥，質地也像，味亦甜，但更馥郁芳香，且帶有一種似曾相識的滋味——啊，是燉牛肉時必放的八角。我當時吃到的，就是茴香頭。

茴香在義大利烹飪中應用甚廣：茴香籽是義大利豬肉香腸必加的香料，鬚葉則多半被當成點綴菜色的香草，常撒在沙拉或魚湯上。至於茴香頭，做法就更多了，可煮、可燉、可焗、可烤，還可拌沙拉生食，或拿來做義大利麵的醬料。簡單講，凡是可以拿來料理洋蔥的做法，改用茴香多半也成。

我在返家途中不斷尋思，該如何好好地、充分地料理這一顆茴香頭，才不負朋友的盛情，對得起辛勤栽種出這般佳蔬美物的農友。

首先想到的，是茴香柑橘沙拉。這是一道在義大利常見的涼菜，做法一點也不難。首先將茴香頭帶葉的粗梗切掉，剩下那顆「球莖」，一部分逆紋切絲，浸在冰水中，冷藏十分鐘，這樣茴香絲吃來會更爽脆。

跟著準備柑橘，在義大利一般用血橙或臍橙，除了酸不可言的檸檬外，其實用別種柑橘類水果未嘗不可，好比說台灣冬天和春天盛產的柳丁、椪柑、桶柑和茂谷柑等，無一不適合。我常用桶柑，因個頭大小適宜，且易於剝皮，不必動刀削皮或切割整形，省事。

桶柑（或其他柑橘）剝好，切薄片，排在盤上，加進泡過冰水的茴香頭，撒鹽和黑胡椒，擠小半顆檸檬汁，淋一點點義大利陳年黑醋和冷壓初榨橄欖油，一盤完全用台灣本土種植農產做成的義大利菜，就這樣大功告成，簡不簡單？

其餘的茴香頭，我打算切成楔形片狀，拌上橄欖油、義大利黑醋和鹽，進攝氏200度的烤箱烤半小時（中途需翻面一次）。

要不，也可以汆燙後，淋上奶油白醬和乳酪，做成香濃的焗烤菜。兩種做法都適合拿來當煎魚或烤魚的配菜，尤其是海鱸魚；在義大利烹飪中，海鱸魚和茴香頭堪稱經典搭配。

還有個更費工夫的做法，在烤盤鋪上一層汆燙過的茴香片，將鱸魚或其他適合烤的鮮魚置於其上，撒鹽和黑胡椒調味，擠一點檸檬汁，淋上橄欖油，進200度烤箱烤二十分鐘左右便可。

同樣材料亦可用錫箔紙或烘焙紙包起來焗烤，做成紙包；倘若家中無烤箱，索性清蒸、西菜中作，也別具風味。

茴香柑橘沙拉

材—料

茴香頭 2 顆

桶柑（或其他種柑橘） 2 顆

調—味—料

檸檬 1 顆擠汁

義大利黑醋

（即巴沙米可醋） 1 茶匙

冷壓初榨橄欖油 3 湯匙

鹽和黑胡椒各少許

做—法

1 將茴香頭帶葉的粗梗切掉，留少許茴香葉，剩下的球莖，逆紋切絲，浸在冰開水中，冷藏10分鐘後瀝乾，撒上鹽和黑胡椒。

2 桶柑剝皮，切薄片，排在盤上。將泡過冰水的茴香絲隨意撒在桶柑片上。

3 將調味料混合均勻，澆在茴香和桶柑上，再撒上茴香葉裝飾即可。

廚間小語

如果你買到的是連葉帶梗的茴香頭，做沙拉剩下的粗梗和鬚葉可別丟棄。葉子可以拿來炒蛋或煎蛋，一如蔥花的用法。煮魚湯時，除了用薑絲去腥外，不妨也加進一小把茴香葉，很清香。

至於粗梗，削除外層嚼不斷的粗纖維後，將嫩莖切成小丁，可用來取代洋蔥末，好比說，本書八月食譜中的「罐頭沙丁魚洋蔥松子扁麵」（見第141頁），還有十月食譜中的「蝦仁奶油番紅花燉飯」（見第174頁）即可用切丁的茴香梗取代材料中全部或部分的洋蔥，另有一番風味。對於不食「五辛」、對洋蔥和蒜頭忌口的素食者而言，茴香亦是很好的代用品。

德墨式豆子肉醬

曾經，我以為加了辣椒的豆子肉醬（Chili con Carne）是墨西哥菜，後來經墨西哥人指正，才知道它其實是美國人的發明，源自美墨邊境的德州。墨西哥人素有「玉米之子」之稱，傳統主食為玉米。他們也愛吃豆子，通常加進湯中，或燉爛做成豆泥當配菜。還有辣椒，墨西哥人幾乎什麼菜都可以加辣椒，墨西哥作家蘿拉・艾斯奇弗（Laura Esquivel）曾寫道：「在墨西哥的日常食物中，辣椒已是不可或缺的一部分……因為其味道已深藏在我們的記憶和血液裡，它的辣正在我們的血管中流動。」

這麼說來，我曾誤認 Chili con Carne 來自墨西哥，也不算過分，因為這道德州菜的材料包含有豆子、甜椒和乾辣椒，把墨西哥菜的幾項要素都燴於一鍋了。

材—料

洋蔥 1 顆
紅甜椒或青椒 1 顆
蒜末 2 瓣
牛絞肉 500 公克
（或牛豬絞肉各 250 公克）
紅腰豆 1 罐
裝飾用歐芹（可省）適量

醃—料

自製基本番茄醬汁 300 毫升
（參見第34頁）
高湯或清水 1 杯半

調—味—料

辣椒粉（或乾辣椒片） 1 茶匙
孜然粉 1 茶匙
肉桂粉半茶匙
月桂葉 1 片
黑巧克力 1 小塊
鹽少許

做—法

1 洋蔥和甜椒各切丁。用1湯匙油，中小火炒香洋蔥、蒜末、辣椒粉、孜然粉和肉桂粉後，加甜椒炒軟。

2 鍋中加1湯匙油，轉中大火，絞肉下鍋翻炒，炒到肉已變色且粒粒分散未結塊。加進番茄醬汁，丟1片月桂葉，煮沸後轉小火，加鍋蓋煮20至25分鐘，至湯汁變濃稠，中途需攪拌兩三次，以免焦底，如果肉醬看起來太乾，可酌加熱水。

3 紅腰豆濾去多餘水分，加進鍋中，轉中火，待湯汁又沸騰時，扔進1塊黑巧克力，轉小火，不加鍋蓋，再煮10分鐘，同樣的，如果肉醬看來太乾，可以加1、2湯匙熱水。

4 嘗嘗味道，酌量加鹽，撈出月桂葉棄置，熄火，蓋上鍋蓋燜10分鐘，如此可令豆子肉醬更入味，盛盤前加入少許歐芹。

廚間小語

・喜歡的話，盛盤後也可加點芫荽。豆子肉醬適合配米飯吃，或者加生菜絲，拿來包墨西哥玉米捲餅。

・沒有自製番茄醬汁，亦可用400公克罐頭番茄加上1杯半高湯或水取代

二月

February

好一陣子沒去圓山捷運站旁邊的農民市集，下午交了一篇稿，覺得自己值得鼓勵，就提著布袋逛市集去。左看右瞧，心蕩神馳，丈夫在一旁提醒我，冰箱冷藏加冷凍庫，已經快爆滿了，別胡亂買太多。

好啦好啦，我看看就好。最後非常節制地挑了三顆芭樂，另外向山上來的少年仔買了一大把蔥，雖非宜蘭三星蔥，卻也修長挺拔。

回家後，挪出一小部分，晚上加洋蔥，爆炒牛肉。其他的切大段，加入葡萄籽油和橄欖油，小火熬煮二十多分鐘後，加半小匙海鹽，再熬，待水分差不多都蒸發了，轉中大火，等蔥白有點焦黃了，熄火。

把蔥連同油盛進乾淨的玻璃瓶中，放涼後可收進冰箱，需要時取不沾水氣的筷子或調羹，用來拌麵炒菜都行，好比86頁的蔥油燜茭白筍。

雙蔥爆炒牛肉片

材料
壽喜燒或燒烤用牛肉片 200 至 250 公克
紅辣椒 1 至 2 根
蔥 2 根
洋蔥半顆（約 100 公克）
蒜片 3 瓣

醃料
醬油 1 茶匙
紹興酒或米酒半瓶蓋
番薯粉（或太白粉） 1 茶匙
黑胡椒粉少許

調味料
醬油半湯匙
紹興酒或米酒 1 瓶蓋
蠔油 1 茶匙半
番薯粉或太白粉水適量（1 茶匙兌 1 茶匙清水）

做法

1 牛肉改刀切成約2公分寬的長條，置碗中，加進醃料，拌勻，醃10至15分鐘。紅辣椒切斜片；蔥切斜段，蔥綠和蔥白分開；洋蔥順紋切絲。調味料置入碗中。

2 醃好的牛肉片中淋1茶匙食用油，攪勻，如此肉下鍋後較不易沾黏。大火燒熱炒鍋，倒入油，立刻將牛肉片下鍋，攪散，炒至肉大致變色，約六、七分熟時，盛起。

3 利用鍋中餘油，大火迅速炒香蒜片和辣椒，加進洋蔥和蔥白，至洋蔥開始轉透明時下蔥綠，拌炒兩三下，將牛肉回鍋，倒入調好的調味料，稍拌炒即起。

廚間小語

炒牛肉的調味料要先在碗中調好，一口氣下鍋，不然東加一匙醬油，西淋一點太白粉水，如此拖拖拉拉，牛肉老了就可惜了。

星星的番茄醬

初春的午後，廚房裡細火熬煮著什麼，嘟嘟冒著小泡。我走到爐前，拾起木匙，攪拌一下，鍋底可別煮焦了。鍋中紅彤彤的，是番茄醬，我每一回烹煮這義大利風味的醬料，都會想起「星星」。

星星是我的同學，來自西西里島，長相並非特別美，但靈動的大眼清澈閃亮，著實討人喜歡。她的義文名字叫 Stella，意即天上星辰，星星是我給她起的中文名，說給她聽，她可喜歡了，說這不正是「Sing Sing」，她從小就愛唱歌呢。

星星在比薩大學拿到博士學位，原本在當地有份穩定的工作，但是由於交往多年的男友應聘至荷蘭，小倆口在分隔兩地近一年後，她熬不過相思苦，毅然辭去鐵飯碗，和台夫特科技大學簽了四年研究員合約，遷居海牙。

我和星星就是在大學附設的荷語班認識的，同窗時間雖不久，卻特別投緣，想來是因為我倆同為「異鄉人」，加上她只比我小幾歲，算同一世代，沒有代溝。還有，她個性溫暖明朗，樂於助人，隱然有我所熟悉的「台式人情味」，而星星也說，她有時覺得我滿像爽快直接的西西里人。

星星知道我寫作與飲食相關，邀我到她和男友家中嘗嘗義大利家常菜，我就是那一回學會烹調義式番茄醬。這食譜在她家傳了不知多少代，做法簡單到不行，星星說，這是因為西西里的番茄品質特優，為了不辜負番茄本身的鮮美，必須用最簡約的做法來濃縮，並彰顯其原有的美味。

那麼，到底怎麼做呢？

首先取來番茄，能用李子形的聖馬札諾番茄最好，沒有的話，改用當令的牛番茄也行。將番茄沖洗乾淨，摘去蒂頭，用刀尖在頂端淺淺地劃十字紋，輕輕地投進滾水鍋中，汆燙半分鐘便撈起，沖冷水，如此就可輕易撕除薄膜般的果皮。

接著將番茄切塊去籽，置鍋中，加蒜瓣、橄欖油和月桂葉（一公斤番茄配兩三瓣蒜、兩三湯匙油和一片月桂葉），中火煮滾後轉文火再煮半小時左右。

番茄熬至軟爛近無形，撒點鹽，調個味，熄火，待稍涼後用果汁機打碎，就是道地的義大利家常番茄醬了。如果說有「菜如其人」這件事，那麼這道滋味圓潤濃郁的醬料恰如星星，熱情但不浮誇，外在毫無矯飾，內裡卻耐人尋味。

在荷蘭時，我通常在夏天燉煮番茄醬，此時的番茄不但色澤美，味道也足。原因無他：番茄偏好溫暖卻不炎熱的氣候，最適合的生長條件為日間氣溫攝氏二十至二十五度，日夜溫差十度左右，荷蘭的夏季正是如此。

回到台灣，我卻改在冬天至春天才煮番茄醬。亞熱帶島嶼夏日酷暑難當，在人工環境中培育的番茄，外表看來豔紅，剖開一看，內芯卻常是蒼涼的淺粉色，加以價格高昂，真是不買也罷。倒是到了冬、春，此時台灣的天氣像是荷蘭的初夏，有利於番茄生長，番茄的滋味也就比較飽滿了。

說到台灣的番茄，不能不提提荷蘭人的小小貢獻——最早在十七世紀將番茄引進台灣的，正是荷蘭東印度公司。不過彼時歐洲人自己也才剛認識原產南美的番茄不久，誤以為此果有毒，所以不論在荷蘭或台灣，番茄都只當成觀賞植物，並不食用。

一直到日治時期，番茄才又被日本殖民者引進台灣栽培，那會兒世人皆已明白，番茄不但沒有毒，還很美味。

台灣目前種植的番茄種類多樣化，黑柿、牛番茄、桃太郎、玉女和聖女是普遍可見的品種，近來也有聖馬札諾和荷蘭種的珍珠串小番茄，只是相對少見。我最常買牛番茄和聖女番茄，前者拿來煮醬，可用於烹煮各種以紅醬為底的義大利麵；煮湯、燉肉和炒蛋時亦不妨加一點。煮熟的番茄有天然的「鮮味」（umami），可令菜餚不加味精就很鮮。

聖女番茄則適合做成爐烤番茄，滋味比鮮果更濃烈香甜。其做法並非吾友所傳授，而是有一回在荷蘭的餐廳吃到，特別喜歡，上網一查，哎呀，做法很容易嘛。

以低溫聖女番茄烘烤至半乾，用橄欖油醃漬起來，貯藏在冰箱較不冷的位置，食用前取出一部分置室溫退冰。想嘗洋味的話，拌義大利麵，或配上烤得脆脆的長棍麵包當前菜食用。若想吃中式口味，不妨拿半乾小番茄取代新鮮番茄來炒蛋，一道再家常不過的菜色，就這樣變成餐館裡的創意佳餚。還有個最不費事的吃法，就是什麼也不配，當成下酒小菜直接入口，來上一杯清淡的紅酒，淺酌慢嘗，敬人生。

我在台北的超市看過進口的油漬風乾番茄，一小罐動輒兩百元，真不便宜，教人買不下手。何不把握春天，趁著聖女番茄仍當令，烤上一盤半乾番茄？

油漬爐烤半乾小番茄

台灣市面上的番茄，大的以牛番茄最普遍，小的則以聖女番茄和玉女番茄為大宗，在荷蘭常見的那種圓滾滾的櫻桃番茄，相對少見。

不過隨著健康意識提高，近來有人提倡「地中海飲食」，我在超市和大賣場見到本土種植的「地中海蔬果」中，赫然已有李子形的聖馬札諾番茄，以及帶梗連藤的櫻桃番茄，取名為「珍珠串」。台灣農民真厲害，台灣人越來越有口福了。

如果看到聖馬札諾，切莫遲疑，趕快買回家煮番茄醬。珍珠串小番茄則不妨塗抹橄欖油，撒上粗鹽，整串進180度烤箱烤12分鐘，用來配牛排、豬排或煎魚排，不費事又中看中吃。

至於爐烤半乾小番茄，請用價錢較平價的聖女番茄，此種小番茄果皮較厚，甜中帶酸，比果皮薄的玉女番茄更適合做這道小菜。玉女番茄呢，往往甜似蜜，就當水果吃吧。

材—料

聖女番茄 300 公克

烹調香草隨意

拍碎蒜頭 2 瓣

調—味—料

鹽、冷壓初榨橄欖油適量

做—法

1 小番茄縱切對半，但不切到底，將番茄攤開，兩邊仍連在一起，呈蝴蝶形，撒少許鹽，用小茶匙在每粒番茄上淋一點油，鋪在墊了鋁箔紙或料理紙的烤盤上，番茄彼此之間須留一點空隙，不要排太緊。

2 進攝氏100度的烤箱烘烤3小時，至個頭縮小且半乾即可。

3 出爐後，置於乾淨的容器中，注入初榨橄欖油淹過番茄，這時可添加自己喜歡的香草和蒜瓣，不加亦可。加蓋，醃漬至少一夜。

蘿蔔魚乾㸆肉

上海人紅燒豬肉，如果加了墨魚乾（墨魚即花枝），就叫墨魚鯗㸆肉，鯗指的是魚乾。加的若是鰻魚乾，則直接稱之為鯗㸆肉。兩者皆用鹽漬風乾的海鮮，為紅燒豬肉增添海味和鮮味，讓菜餚的風味更豐富一點。菜名中的「㸆」字是滬語，有時寫成同音的「烤」，卻萬萬不是燒烤類的菜餚；「㸆」意指以小火慢煮，煮至鍋中湯汁收乾變濃，好比說，常見的江南風味小菜「烤麩」就不是烤的。

這兩種加了魚乾的紅燒肉，先父都很愛，外出上江浙菜館子必點，偶爾也在自家廚房燉上一大鍋。

我出生於左營的母親，則更喜歡阿嬤做的白蘿蔔滷肉，沒有那麼「濃油赤醬」，燉好的肉湯汁較清甜，拿來拌飯，絲毫不覺得膩。

而我各取其長，既不捨魚乾的「鮮」與「陳」，亦不棄白蘿蔔的「甜」與「清」，於是就以肉搭起橋梁，做成了這一道說不上來是上海紅燒肉還是台式滷肉的良憶風家常菜。

材料

澎湖章魚乾或乾魷魚 50 公克
五花肉 600 公克
白蘿蔔 1 條（約 600 公克）
薑 5 至 6 片
蔥 2 根
八角 1 粒

調味料

黑豆醬油（蔭油） 6 至 7 湯匙
米酒或紹興酒半杯
冰糖半湯匙

特殊工具

鑄鐵鍋

廚間小語

章魚乾在澎湖又叫石鮔乾，如今產量不多，如果買不到，魷魚乾也很好。

做法

1 乾魷魚或章魚乾剪成約如小指長寬的條狀，泡溫水2小時（冷水4小時），撈出。
2 五花肉整條入滾水鍋中汆燙，撈出，用清水沖去雜質，切塊。
3 白蘿蔔削皮，切滾刀塊。蔥切段，只要蔥白，蔥綠切蔥花，做最後的點綴。
4 開中大火，將鍋燒熱，用一點油炒五花肉，逼出油脂，並將肉煎至四面皆焦黃。
5 下蔥白和薑片、八角，翻炒；加進醬油、酒、糖，拌炒。魷魚和蘿蔔下鍋，倒入水，淹過所有材料的七、八分滿即可，因為白蘿蔔還會出水。
6 開大火，加鍋蓋，煮滾後轉小火，燉煮1小時後，嘗嘗味道，調整鹹淡。盛至深盤中，撒上蔥花，非常下飯。

松子培根抱子甘藍

回到台北定居的前幾年，偶爾在士東市場看到了台灣少見的新鮮抱子甘藍，不論價格有多高昂，都會忍痛買上一些。原因無他，丈夫來自北溫帶的歐洲，有好幾樣當地常見而本地稀有的農產，教他念念不忘，當中就有抱子甘藍。

然而就在這兩年間，進口的抱子甘藍不再稀罕，美式大賣場和本土連鎖超市都買得到，價格也親民多了。這想來和台灣人的飲食口味更加西化有關。再說，抱子甘藍屬於十字花科植物，不但維生素含量豐富又多元，含有據說有助抗癌的硫配醣體，營養價值高，而且模樣小巧玲瓏，著實討人喜歡。

要說抱子甘藍有什麼缺點，可能就是味道微苦，讓小朋友看著喜歡，吃著卻不愛。沒關係，不論要炒還是烤，只要在烹調時多一道步驟，先用滾水汆燙五六分鐘，就可以去除大部分苦味了。

倒進沸水鍋前，別忘了用銳利的小刀在蒂頭處切十字紋，讓熱力能深入被層層菜葉包裹的甘藍心。

材—料

抱子甘藍（球芽甘藍）300公克
厚培根或鹹豬肉50至60公克
洋蔥¼顆
松子1湯匙

調—味—料

鹽、黑胡椒少許

做—法

1 剝除抱子甘藍外層的老葉，洗淨，用銳利的小刀在蒂頭處切十字紋。

2 煮沸一鍋水，加半湯匙鹽，放抱子甘藍入鍋汆燙約6至7分鐘，撈起，瀝去多餘水分。培根肉（或鹹豬肉）切成小條，洋蔥切丁。松子用乾鍋煎烤至焦黃。

3 炒鍋中加少許油，放入培根或鹹肉，煎至出油，下洋蔥丁，炒香。

4 將燙好的抱子甘藍下鍋，拌炒2至3分鐘，撒一點鹽和黑胡椒調味。

5 最後將松子倒入，拌勻即可盛起。

烏魚子義大利麵

我從小愛吃烏魚子，原以為它是日本人留下來的食物。日本人早在安土桃山時代（中國的明朝）便食此物，因其來自中國，外觀又肖似文房三寶中的墨，故名為「唐墨」。

直到我移居荷蘭，翻看史料才得知，也是在十六世紀明朝時，福建漁民冬季時便乘著東北季風來台灣捕烏魚。荷蘭人在十七世紀來到台灣後，東印度公司也鼓勵漢人漁民在海峽捕烏魚以醃製烏魚子。總之，台灣烏魚子的原鄉並非日本，或是「唐山」。

旅荷期間，我就近遊歷歐洲，在義大利和南法的普羅旺斯都嘗到烏魚子做的菜餚。義大利的薩丁尼亞和西西里都出產烏魚子，他們稱之為 bottarga；普羅旺斯人叫它 poutargue，法文則為 boutargue。這又勾起我的好奇心，先翻書、後上網，查出這幾個詞彙都是從阿拉伯文 bitārikh 衍生而來，有「風乾鹽漬魚卵」之意，而且早在三、四千年前，地中海便有類似食品，據信是腓尼基人所創製。這麼看來，烏魚子的故鄉可能是地中海，其歷史竟如此久遠。

材料

烏魚子80公克
義大利圓直麵或扁舌麵 150 公克
蒜頭 2 瓣
檸檬角 2 瓣
青蒜絲隨意
伏特加或不甜的白葡萄酒少許

調味料

冷壓初榨橄欖油約 2 湯匙
鹽和黑胡椒適量

廚間小語

扁舌麵原文為 linguine，意指「小舌頭」，形狀類似台式意麵，但麵體比較厚。義大利人常用來搭配羅勒青醬或以番茄為主的醬料，用扁舌麵搭配魚類、海鮮為主的醬汁，也是絕配。

做法

1 烏魚子置盤中，淋上伏特加或白葡萄酒浸濕，以便撕除薄膜。

2 平底鍋抹上薄薄一層油，鍋燒熱後，開中火，烏魚子下鍋，煎至底下那面焦黃時，翻面再煎，至這一面也焦黃，但裡面未全熟，仍微微濕潤。取出，置紙巾上，涼至手觸碰不會燙的程度，將烏魚子一半切成小丁，一半磨碎。

3 整瓣的蒜頭略拍，小火煎香，撈出蒜瓣，只留蒜油。

4 煮開一鍋水，滾時加進義大利麵和鹽，煮150公克的麵需要1.5公升的水和至少半湯匙鹽，看麵的包裝上註明的時間，決定煮麵時間長短，請注意，是從麵條下鍋後，煮麵水又沸騰後開始計時。

5 時間一到，撈出麵條，煮麵水先別倒掉。將麵與蒜油、蔥、胡椒和烏魚子丁拌勻，如果太乾，可酌加煮麵水。

6 盛盤，撒上青蒜絲和烏魚子丁，盤邊附檸檬角，上桌。

RUMMO
MAESTRI PASTAI
RUMMO
LINGUINE Nº 13

三月

March

眷村蛋之味

兒時，我家住在新北投半山腰上，自我家沿著坡道往下走不到百米，是母親任教單位的宿舍區。右側有一長條水泥屋，兩層樓；左側是日治時代留下的日式大宅和花園，還有幾間木造平房。

樓房也好，大宅也好，內部皆分割為小單位，住著許多戶人家，儼如另類眷村，只是街坊並非軍眷，而是公教家庭，以「外省人」居多，家家戶戶南腔北調，什麼方言都有。來自江蘇的父親，當時砂石生意做得不錯，我們住在自購的花園洋房，母親則是極少數的「本省人」，我家置身鄰里間，多少與眾不同。

幸好街坊既是鄰居也是同事，誰也沒當誰是異類，大夥相處融洽，大人經常相約「摸八圈」，孩子們整個宿舍區都當成遊樂場，遇上用餐時間，留在別人家蹭飯也是常有的事，我就這樣吃遍大江南北各種口味。

就拿再家常不過的雞蛋來說，每到臨近發薪日前，幾乎各家餐桌上都會出現雞蛋，那是因為扣掉會錢和家用後，上月薪資所剩無幾，大人這時手頭較緊，暫時不買大魚大肉，雞蛋、豆腐配青菜，營養一樣豐富。

除了常見的番茄炒蛋和蔥花蛋外，同樣的三四顆雞蛋，鄰居家各有各的做法。

來自華北的左鄰擅長麵食，自家先和好麵糰後，將蛋打散，加鹽調味，起油鍋炒得碎碎的，拌上韭菜、蝦皮和豆乾，便是餡料。麵皮若擀得大一點，包成半月形即成韭菜盒子，乾烙；擀得小一點，可以包餃子，水煮。

我還在他家吃過蛋花拌麵——用炒蛋來拌自家抻的麵條，淋一點花椒油、醬油和蔥花；如此素樸，卻好吃得教大人小孩停不了嘴。

原籍廣東的右舍有道拿手好菜叫水蛋：蛋汁加清水和勻，蒸熟，撒蔥花，淋醬油（他家稱之為豉油），不過是道平凡的家常菜，然而他家的蒸蛋總是特別滑嫩，軟如布丁，舀一匙淋在白飯上，拌一拌，熱呼呼扒進嘴裡，飯碗頃刻見底。

後來我發覺蛋要滑嫩的訣竅是，蒸蛋時需在碗上蓋只盤子，且絕不可開猛火，需小火慢蒸，避免讓蛋汁沸騰起泡，否則蒸出來的蛋布滿氣泡，質地就粗了。

各種蛋餚中，我最愛「回鍋蛋」，簡單講就是將荷包蛋切塊或水煮蛋切片，再回鍋加料烹炒，這是祖籍湖南的鄰居家餐桌上常見的菜色，

他家都加蒜苗和辣椒炒，又鹹又香，非常下飯。

開始「自炊自受」後，我常做這道回鍋蛋，多半用煎蛋，因為較水煮蛋省時，佐料亦不限於蒜苗，看當令有什麼好食材便用什麼，好比說，不辣的糯米椒或彩椒、蔥段、木耳、韭黃、芹菜和胡蘿蔔等等，都是我常用的輔料。

眼下正逢春季，韭菜花特別脆爽，今晚就炒一盤韭菜花回鍋蛋，起鍋前熗一點醬油和紹興酒，一家炒蛋四鄰香。

韭菜花回鍋蛋

臉書上瘋傳一個短片，綁著馬尾的大廚侃侃而談，正示範煎荷包蛋。我心想，煎個蛋有什麼難的，還需要拍影片嗎，怎麼會有這麼多人看了又轉？

點進去一看，男人朝鍋中淋油，打蛋下鍋，當蛋白邊緣已凝結而中央仍是流體時，他持筷將蛋從一側疊向另一側，一邊還說，就是要疊起來成半圓形才能叫荷包蛋。

看到這裡，我竟然激動了起來：沒錯沒錯，蛋要對折煎成半月形，好像古時候裝錢的荷包，才能叫荷包蛋啊。

看到這短片，聽到荷包蛋被正名了，心想這位大廚可真是我的知音。

材—料

雞蛋 3 至 4 顆
蒜末 1 至 2 瓣
紅辣椒 2 根
韭菜花 1 把
豆豉 1 湯匙

調—味—料

醬油約半湯匙
米酒或紹興酒少許

做—法

1 起鍋，先用油將雞蛋兩面煎熟，切小塊。辣椒切斜片，韭菜花切約5公分的長段。

2 炒鍋中倒油，開中大火，等油微微冒煙，先下蒜末和豆豉炒香，加辣椒再炒一會兒，加進蛋塊和韭菜花翻炒，從鍋邊淋醬油和酒，炒勻即可。

紅燒草魚段

到江浙館子裡吃「紅燒」菜色，端上桌的菜餚，濃紅油亮，看來加了不少醬油，非常重口味。

可一嘗，並沒有預期中那麼鹹，而帶點甜味，是怎麼辦到的？自己在家煮紅燒魚，色澤要如此之深，得放多少醬油啊。

江湖一點訣，說穿不稀奇，館子裡常用「糖色」幫紅燒類菜餚上色。這糖色可不是色素，而是焦糖化的濃糖漿，顏色赤褐，有水炒和油炒兩種做法。餐廳多半用油炒糖色，成品色較濃深，效果好，但技法較難掌握；水炒則是家庭廚師也做得來。水炒糖色要用白砂糖或碎冰糖都可以，前者炒出的糖色較深，後者味較清甜。做法如下：

將1:1比例的水和糖一起放入乾淨的鍋中，開小火，不停翻炒，糖慢慢融化，水分逐漸蒸發，當糖漿從冒大泡變成冒小泡時，熄火，金黃的糖色大功告成。盛裝於乾淨容器中，冷藏保存。

材—料

草魚段約 250 公克

番薯粉水或太白粉水少許

薑 3 至 4 片

青蒜絲少許

調—味—料

紹興酒 1 瓶蓋

無糖醬油 1 湯匙再多一點

鎮江醋或五印醋 1 湯匙

糖色半湯匙

鹽少許、糖適量

做—法

1 草魚以紙巾拭乾，蘸上太白粉水。

2 鍋子燒熱，加約2湯匙油，草魚下鍋，魚皮朝下，兩面煎至定型。

3 下薑片，煎香。加入酒、醬油、醋、糖色、鹽和清水100毫升，煮滾後轉小火，再煮6分鐘左右。

4 用竹籤插魚段最厚處，如果能輕易插入，魚已熟透，嘗嘗味道，決定是否需要加鹽或糖。

5 最後淋入太白粉水勾芡，撒青蒜絲，盛起。

歐式蛤蜊煮魚

「紀州庵文學森林」茶館邀集作家設計並教導製作「作家私房菜」，我榮幸受邀，左思右想，決定推出做法不難、味道卻「鮮」得不得了的「蛤蜊烤魚」。

頭一回吃到把蛤蜊加鮮魚煮在一起的做法，是在義大利，用的是整尾的魚，名為「瘋狂水煮魚」，說真的，一個人真吃不完。後來去了西班牙，嘗到相似卻又不同的菜色，用的是大塊的白肉魚，加了辣香腸，還有馬鈴薯。因為有豬肉腸，菜餚多了油脂，比較重口味，然而，還是鮮。

我加加減減，設計了良憶風的蛤蜊烤魚。這真是我的私房菜，直到今天，仍不時會端上我家餐桌，且持續在「演化」，有時烤，有時一鍋煮，有時會更換配方和成分，多了這個，少了那個，這裡加一點，那裡減一點，但是魚、蛤蜊、辣腸和番茄始終都在。

這裡介紹的「歐式蛤蜊煮魚」，和當初貢獻給紀州庵的食譜不盡相同，是我自己滿喜歡的組合。

材—料

蛤蜊150公克

冷凍鱸魚片280至300公克

甜豆（或荷蘭豆）20至25片

檸檬汁半湯匙

酸豆少許

洋蔥絲半顆

蒜片1至2瓣

西班牙辣香腸片（或較不甜的湖南臘腸）5-6片

聖女番茄約10顆

黑橄欖12粒

新鮮或乾燥百里香少許

橄欖油1湯匙

不甜的白葡萄酒半瓶

檸檬角1塊

調—味—料

鹽和黑胡椒適量

特—殊—工—具

寬口鑄鐵鍋、砂鍋

或其他可連鍋端上桌的鍋具

做—法

1 做菜前半小時（夏天）至1小時（冬天），將蛤蜊置於濃鹽水中吐沙。魚片置於密封袋中在冷藏庫慢慢解凍，或在流動的自來水下快速解凍。

2 解凍好的魚片切成數大塊，均勻撒上鹽，淋檸檬汁。甜豆用滾水汆燙後立刻泡冰水，以保持翠綠，瀝去多餘水分。沖去酸豆的鹽粒。

3 在鍋底鋪上洋蔥絲和蒜片，放上醃過的魚，旁邊圍香腸片、小番茄、橄欖、酸豆、撒上百里香、鹽和胡椒，加進白葡萄酒，不需淹滿，約八分滿即可，均勻淋上橄欖油。

4 開中大火，煮至湯汁沸騰，加進已吐過沙的蛤蜊，轉中火，加鍋蓋，再煮8分鐘，至蛤蜊開殼且魚肉熟。

5 最後拌進甜豆，再煮一會兒，嚐嚐味道，調整鹹淡後，即可附上檸檬角，連鍋帶菜端上桌。佐北非風味「庫斯庫斯」（couscous）、法國長棍麵包或義式巧巴達麵包尤其美味。

廚間小語

酸豆非豆，而是續隨子，英文為capers，義大利人稱之為capperi。

一般超市賣的是泡醋的酸豆，還有另一種粗鹽漬的酸豆在台灣比較少見。

前者酸味重，價格廉宜；後者價稍高，不那麼酸，並不嗆，用於烹調，味道較易達成均衡。除非你要的就是那股強烈的酸味，否則建議多花一點點錢，改用鹽漬酸豆來做菜。

我自嘗過鹽漬酸豆的好滋味後，真的應了那句話——「回不去了」，從此除非菜色實在需要濃重的酸味，否則只用味較清雅的鹽漬酸豆。

鹽漬酸豆在少數高檔超市買得到，我自己則是固定向台北汀州路的「主廚的秘密食材庫」購買。

鴨胸蕈菇
巴沙米可奶油麵

翻閱過往貼在臉書上的晚餐流水帳，發覺我每隔一陣子就會貼燻鴨胸蕈菇寬蛋麵的照片，而且幾乎每一 次的貼文都會出現「忙碌」此一關鍵詞。

想想，確實如此，當我忙到沒有靈感，實在想不出要做什麼快速又美味的菜色時，往往就會做這一道洋氣的麵食。

用的是超市和一些傳統市場買得到的燻鴨胸肉，加上兩三種蕈菇加義大利寬蛋麵。肉煎一下，菇炒一會兒，然後加奶油燴，接著把麵用鹽開水煮到彈牙，花不了多少時間，費不了多少勁，一盤有肉有菜有麵條的簡單晚餐，便熱騰騰地上了我家餐桌。

雖然用了帶有義大利風味的食材和調味料，但我絕我不敢說它很「道地」，頂多是有一點點義大利味吧。

再說，有那麼一兩回，我用鵝肉攤上買來的台式燻鵝肉代替西式的燻鴨肉，那就更不能聲稱這是義大利菜了。

材—料

洋蔥¼顆
蕈菇 200 公克
（洋菇、鴻喜菇、雪白菇或杏鮑菇等）
現成燻鴨胸 200 公克
蒜末 1 瓣
新鮮或乾燥百里香少許
義大利寬蛋麵約 150 至 180 公克

調—味—料

牛油（butter）1 小塊（約 1 公分）
白葡萄酒 1 湯匙
鮮奶油（cream）100 毫升
義大利黑醋（即巴沙米可醋）1 湯匙
鹽、黑胡椒適量
現磨的帕米桑乾酪少許
（Parmigiano Reggiano）
松露油少許（可省）

做—法

1 洋蔥切小丁，各種菇類看你喜歡選一種或數種，各切成小塊或易入口的小片。

2 現成的燻鴨胸皮上劃幾刀，皮朝下，入平底鍋不加油乾煎，逼出肥油，取出，用鋁箔紙包起保溫。

3 鍋中加進牛油，開小火，等牛油融化了加進洋蔥丁，炒至洋蔥開始變透明時，加蒜末炒一會兒，蕈菇下鍋，中火炒至出水，加進百里香和白葡萄酒，拌炒，至汁收乾時，淋入鮮奶油、醋，等醬汁濃縮至一半，撒鹽和黑胡椒調味。

4 在此同時，煮一鍋開水，等水滾了下蛋麵，加1大湯匙鹽，看外包裝指示，決定沸煮多少分鐘。

5 撈出煮至彈牙的麵條，保留約半碗煮麵水。將麵條加進醬汁鍋中，攪拌均勻，如果覺得太乾，可酌加剛才保留的煮麵水。麵條盛起，分置深盤中。

6 鴨胸肉切片，鋪在蕈菇麵上，如果家中有好的松露油，這時也可以淋上一點，最後撒上現磨的帕米桑乾酪粉。

四月

April

莧菜有兩種，一種墨綠中帶深紅，一種色澤嫩綠。

記得從前，當我還小而母親還年輕時，逢到春夏莧菜大出，每個月總有那麼兩天，晚餐桌上會有一盤蒜頭炒紅莧菜。媽媽吃得津津有味，我卻不愛，嫌它澀。

後來進入青春期了，這一道菜更頻繁地出現。媽媽說紅莧菜特別好，含豐富的鐵質，補血，頻頻勸食，那會兒，我才明白她吃這道菜的理由。我還是不愛蒜頭炒紅莧菜，但從此願意吞下肚了，起碼比中藥補品更堪忍受。

直到我長大成人，自助旅行去香港，在粵菜館子吃到金銀蛋莧菜，一點也不澀，鹹蛋與皮蛋碎，襯得整道菜香又惹味。讓我對紅莧菜的負面印象從此改觀，訣竅是紅莧菜需先燙過再炒，同時加一點點糖，可沖淡澀味。

然而，說實話，純以口腹之欲而言，我仍偏愛用綠莧菜。那麼，且讓我端上這一碗用綠莧菜來燒的金銀蛋莧菜吧。

金銀蛋莧菜羹

材—料

莧菜（紅或綠皆可）250公克
鹹鴨蛋1顆
皮蛋1顆
雞高湯2杯
蒜末2瓣
太白粉或番薯粉水
（勾芡用，可省略）

調—味—料

糖少許
胡椒少許
白麻油或香油半茶匙

廚間小語

皮蛋先蒸過再煮菜，湯汁較不濁，味道也不那麼重。由於加了鹹蛋，可以不另外加鹽調味。

做—法

1 莧菜切除粗莖，其他的切成約5公分段。皮蛋用中火蒸7至8分鐘，取出，剝殼。鹹鴨蛋也剝殼，連同蒸好的皮蛋，切碎。

2 炒鍋中加熱高湯，煮滾後下莧菜，不斷攪拌，使受熱均勻，煮1至2分鐘，撈起。高湯盛入另一碗中備用。

3 炒鍋抹乾，加油。蒜末下鍋，中大火炒香。兩種蛋碎一起下鍋，稍拌炒後，高湯回鍋，煮滾。

4 舀出一半的蛋碎，置碗中，備用。燙過的莧菜回鍋，撒一點白胡椒粉和糖，拌炒均勻。

5 莧菜盛入深盤或大碗中，加入備用的一半蛋碎，淋入湯汁，菜餚品相較美。

6 如果喜歡濃稠口感，可用太白粉或番薯粉兌水勾芡，不勾芡亦可，淋上白麻油或香油，即可上桌。

春天的蘆筍

行經菜市場，瞧見小販在兜售蘆筍，一根根修長挺直，並非常見的綠蘆筍，而是西方人較愛的白蘆筍。該不會是進口的吧？一問之下，不是舶來品，台灣本土栽種的。

「削了皮清炒，或者煮湯，又甜又脆，」菜販向我推銷，「這種白色的只有這個季節才有，產期很短哦。」

經他一提，想起小時候喝的津津蘆筍汁，那罐上的圖案有一半為一位金髮女郎，另一半正是一束白蘆筍。上網查資料方得知，在六、七〇年代，台灣的白蘆筍出口量世界第一，多半製成罐頭。如今，台灣已從蘆筍的出口國變成進口國，且綠蘆筍產量遠多於白蘆筍。

如果我還住荷蘭，眼下也快到蘆筍當令的季節了。荷蘭人偏好白蘆筍，產季始於四月底，至六月中旬告一段落，在這不到兩個月期間，不論是都市的大餐廳或鄉間的小餐館，都會推出各種白蘆筍佳餚，供眾家吃客痛快享用。過了夏至，市場上便難得再見到白蘆筍，偶爾驚鴻一瞥，多半是進口貨，或是溫室栽培的產品。

荷蘭白蘆筍主要的產地在南部的林堡省（Limburg），距離我在鹿特丹的住家車程一個多小時。那些年中，每到五月初，兩位好鄰居就會邀請我和丈夫，一同驅車前往林堡，直接向農家採購當日收割的蘆筍。買好蘆筍，順道至小鎮喝杯咖啡，休息一下便打道回府，一行四人一路說說聊聊，瀏覽新綠的鄉間風光，其樂融融，絲毫不覺來回快四個小時的路程令人疲累，當晚兩家人還會聯手烹飪白蘆筍大餐，為整趟白蘆筍之旅，畫下美味的句點，那美好的一天，幾乎成為我們共有的春之儀式。

荷蘭人都說林堡省的白蘆筍最好吃，除了因為當地的砂質土壤有利蘆筍生長外，早期地方上的宗教信仰也有一定的影響。林堡民眾多半信奉天主教，而非北荷蘭盛行的新教。早些年，天主教農家因不強制節育，子女較多，恰恰符合蘆筍農業的需要。

採收蘆筍是勞力密集的工作，無法由機器操作，非得仰賴人工不可，農家孩子自然都成了爸爸的好幫手。從前一到產季，每天一大早天還沒亮，即可見到一家大小頂著料峭的寒風，摸黑到田里，務必在天未透亮前，將剛要冒出土壤的白蘆筍，逐一挖出——蘆筍一旦見了光，開始行光合作用，就會變色，身價立跌。

不過，這年頭，林堡省和荷蘭其他省分一樣，生育率偏低，挖蘆筍的工作遂不再限於家庭勞動，多委由來自東歐的外籍工人代勞。挖蘆筍如此費事，工資自然不低，間接也抬高了白蘆筍的價錢。然而再怎麼昂貴，在國際間形象儉省的荷蘭人，暮春時分還是捨得大啖白蘆筍。

這會兒，站在菜攤前看著本土產的白蘆筍，想起那些相關的荷蘭往事，思念起我在荷蘭的朋友，上一回見面已是兩年前的事了，原本約好今春再聚，誰料到世上會出現名為 Covid-19 的新病毒，不得不爽約。盼望世人能夠無懼地跨境旅行的日子快點回來，我好想再和老鄰居一同造訪林堡的農家。

MOOIE VERSE
ASPERGE'S
3.95
Kilo
FRISCHER SPARGEL • FRESH ASPARAGUS

酸豆旗魚排佐炙蘆筍

在台灣，綠蘆筍遠比白的常見，似乎也更合大眾胃口。西菜食譜中用到白蘆筍的菜色，多半可改用綠蘆筍來做。只是綠蘆筍不是那麼耐煮，煮久了顏色不再翠綠，質地不復清脆，可就辜負農夫栽種的心血。

用水汆燙是最簡單的方法，煮好一鍋滾水，記得加鹽，然後將綠蘆筍頭朝上，整枝直立地滑入鍋中，讓靠尾端先受熱，燙三分鐘即可。

如果要將蘆筍切段了再燙或炒，請注意，筍尖部位需較晚下鍋，這部位十分嬌嫩，受熱太過會軟爛到斷了頭。

材料

旗魚排4片
（每片150公克左右）
鹽漬酸豆2湯匙
橄欖油約半湯匙
燙熟綠蘆筍6支
冰牛油1小塊
（約20公克，切丁）
歐芹少許

醃料

柳丁汁2湯匙
檸檬汁半湯匙
醬油1茶匙
橄欖油半湯匙

調味料

鹽和黑胡椒少許

做法

1 混合醃料，攪打均勻即成醃汁。酸豆泡一下水，撈出，瀝乾。

2 魚肉放入深盤或寬口大碗中，淋上醃汁，撒少許鹽和黑胡椒，醃15至20分鐘。

3 從醃汁中取出魚，稍瀝乾，但醃汁不可倒掉。平底不沾鍋中加約半湯匙橄欖油，用中火煎魚，煎約4分鐘後，翻面，續煎3至4分鐘，取出置於放上蘆筍溫熱的盤上。

4 醃汁倒入煎鍋中，大火加熱，酸豆下鍋，煮1分半至2分鐘。

5 冰的牛油丁下鍋，煮至牛油融化，湯汁變稠，淋在魚排上，撒上歐芹。可搭配米飯或長棍麵包。

蘆筍拼燻鮭魚和煮蛋

白蘆筍傳統做法是水煮，因為一般外皮比綠蘆筍厚，纖維也多，烹煮前需切除底部，尚需捨得削皮。削時一手倒拿蘆筍，另一手持著鋒利的削刀，自底部一口氣往下拉，削至離筍尖八、九公分處。需將那一層纖維較粗的外皮統統削掉，食來才不會一口渣。削下的皮呢，荷蘭人可不會浪費，留著煮高湯吧。

水煮白蘆筍一般配上切片火腿或燻鮭魚，再來一顆煮蛋和幾顆小馬鈴薯，食時撒鹽，然後澆些檸檬奶油汁或名為「荷蘭」、實為法國風味的荷蘭醬（Hollandaise sauce），也就是蛋黃醋油醬汁，適當的酸度可以讓蘆筍之味更顯清甜。

材—料

白蘆筍約 600 公克
水煮蛋 2 顆
馬鈴薯約 400 公克
燻鮭魚 150 公克

調—味—料

肉荳蔻粉、鹽、胡椒、歐芹末適量
牛油（butter）半小條（約60公克）
檸檬半顆（擠汁並刨皮碎末）
檸檬角 2 個

廚間小語

煮過蘆筍的湯濾掉皮和渣後，便是蘆筍高湯。

做—法

1 削除白蘆筍的硬皮，削時握牢蘆筍中段部位，小心不要折斷。削好後，自距底部1到1.5公分處下刀，切除纖維較粗的部分。削下來的皮和底部不要丟掉，可留下來煮蘆筍水。

2 在炒菜鍋中注入清水，把剛才削下的蘆筍皮和底部放在鍋底，煮沸，加少許鹽，處理過的蘆筍整根下鍋，筍尖最好露出水面。等水又沸騰時，轉小火，蓋上鍋蓋，煮8分鐘，熄火，勿掀蓋，再燜10分鐘。

3 馬鈴薯削皮（如果是可以連皮吃的馬鈴薯更好，煮熟了直接裝盤），看大小決定是否切塊，放進另一口鍋子，加冷水和鹽，水面稍淹過材料即可，開大火，水滾後轉小火，蓋上鍋蓋，再煮12分鐘左右，煮到用竹籤或叉子刺馬鈴薯可輕易穿透的程度。

4 撈出蘆筍，分置盤上，撒上肉荳蔻粉、一點點鹽和胡椒。

5 水煮蛋剝殼，置碗中，用叉子壓碎，淋一點煮蘆筍的水，加鹽和歐芹末，拌勻。將蛋碎舀在蘆筍面上，燻鮭魚置於蘆筍旁邊。馬鈴薯也置於蘆筍一側，撒上適量的鹽和胡椒調味，最後加檸檬角，上桌。

6 用小火融化牛油，喜歡的話，可在牛油汁裡攪進檸檬汁和檸檬皮碎末，然後均勻澆於盤上。也可以用小盅盛裝牛油汁，隨菜餚一同端上桌。

腐竹香菇燴木耳

從前，還住在北投時，我爸每隔一陣子就會請二叔公來家中小聚。二叔公與我留在江蘇的爺爺是堂兄弟，他在家排行老二，所以我爸稱他為二叔。二叔公和我爸說是叔姪，但兩人年紀相差不過六、七歲。我爸是獨生子，隻身隨軍來台，二叔公是他在台灣血緣最近的親戚。

二叔公身形瘦小，文質彬彬，安靜少言，和個性隨和、不拘小節的父親恰成對比，兩人卻相處融洽。他來台時未能帶上家鄉妻小，始終未再婚，孤家寡人的，就靠著基層公務員的微薄薪水過活，但他吃齋念佛，清心寡欲，日子還過得去。

每當二叔公來我家，餐桌上就以素食為主，由於二叔公吃的是「全素」，一大桌子素菜連蛋都不能放，蔥蒜等五辛亦嚴禁上桌，坦白講，我總覺得滋味不夠豐富。二叔公愛吃的腐竹香菇燴木耳卻是例外，那是我爸親自下廚燒的，並非幫忙家務的陶媽媽做的，二叔公總說，很有家鄉味。

而今，回首前塵，我想那當中蘊藏的，不只是家鄉的味道，還有文弱的叔公嘗到為人姪者對長輩的體貼和溫情。

材—料

乾香菇數朵
濕腐竹（或豆皮絲）200 公克
新鮮黑木耳300公克
熟筍（冬筍或綠竹筍）1 支
熟毛豆仁¼杯
薑3片
芫荽少許

調—味—料

醬油 1 至 1.5 湯匙
鹽適量
糖 1 茶匙
雞高湯（連同泡菇水）約半杯
紹興酒約 1 瓶蓋
醋 2 茶匙
白麻油適量

做—法

1 香菇用水泡軟備用，泡菇水留用。熱水汆燙腐竹（或切絲的豆皮），撈起，瀝乾。木耳切除粗糙的蒂頭，切或撕成小片。熟筍切片。

2 起油鍋，開大火，不等油冒煙就加薑，煸香，下香菇再炒，待菇香味傳出，加進腐竹（或豆皮）翻炒，木耳和筍片下鍋一同炒勻。

3 加醬油、鹽、糖和高湯以及泡菇水，煮開後，蓋鍋蓋中火燜煮數分鐘，如此腐竹才會入味。

4 最後，轉大火，從鍋邊熗酒，淋醋，炒勻即熄火。冷熱皆宜，盛盤前可再淋些白麻油和醋，拌勻，加少許芫荽裝飾。

廚間小語

全素者可不加雞高湯，改用清水加泡菇水。

五月

May

童年的那一把空心菜

獨自坐著捷運來到北投，我曾在這裡度過人生最初的十四年，在我心中，北投永遠是我的故鄉。離峰時分，老街人車稀落，我慢悠悠地在空蕩蕩的街上閒逛，憑著久遠以前的印象，來到通往阿嬤家的小巷口。

很小的時候，大約六、七歲，在離我家二十分鐘腳程的阿嬤家，斷斷續續住過一段時間。受日本教育的阿嬤，總是把家裡收拾得一塵不染，我常坐在客廳的一角，聽著放暑假的小舅在老唱機上，播放著英文流行歌曲。或者鑽進廚房，看阿嬤又在準備什麼我喜歡的點心或菜餚。

有好幾樣東西，都是頭一回在阿嬤家嘗到的。現在想起來，其實都是些家常台菜，並不是多麼精緻高貴的菜色，然而對當時的我來說卻十分稀奇，因為平時在爸媽的家裡根本吃不到。比方說，蒜頭醬油拌蕹菜。

幼時，我沒見過、也沒吃過通稱「空心菜」的蕹菜，這可能是因為我生在「芋仔番薯」家庭，爸爸來自江蘇，對飲食口味自有定見，教書的媽媽雖是本省人，但因為不特別挑食，什麼口味都能欣賞，加上平日不進廚房，任由幫忙家務的陶媽媽打理廚務，因此我家的膳食泰半遵照爸爸的家鄉口味，蘇北沒有蕹菜，便從未出現在我家的菜單上。

直到那一天，阿嬤給我一塊錢，吩咐我從後院穿越火車鐵軌，到屋後一大片菜園的農家買菜。

阿嬤說：「一塊錢給你買菜，記得向歐巴桑說，要買一斤 ing- 菜。」我惶恐又興奮，那可是生平頭一遭，我獨自一人替大人跑腿呢。我將一元銅板緊緊捏在手心，推開後門，「注意火車！」阿嬤的聲音從身後傳來。

阿嬤家的後院緊臨著新北投支線鐵路，我在鐵軌邊停下，左望右瞧，沒有火車，趕緊衝過去，唯恐慢了一步，龐然大物般的火車會冷不防地呼嘯而來。

越過鐵道，還得穿過一條小路，這裡鮮少有車經過，沒有危險。菜園裡一片青蔥，盡是我叫不出名字的綠油油蔬菜。菜園邊只有一間土厝，大門敞開，我捏著僅有的銅板，探頭進去，放大膽子喊道：「有人在嗎？我要買 ing- 菜。」

一位歐巴桑從黝黑的內室走出，邊走邊說：「要買多少？」

我攤開因緊捏銅板而已汗涔涔的手心，答稱：「阿嬤叫我買一塊錢ing-菜，一斤。」歐巴桑隨手拿起一只竹籃，裡頭有鐮刀，還有把一頭是鐵鉤、另一頭是秤錘的老式秤子，她走到屋前的菜圃，示意要我跟過去。

歐巴桑彎腰割下一大把菜，隨意秤了秤，用草索把菜綑成一大把，遞給我，「一斤，拿好去給你阿嬤。」

我把一元銅板交給她，接過這把從未見過的蔬菜，菜葉上頭還沾著水珠，青蔥碧綠，下頭連接肥碩的莖幹，奇的是，那莖居然是空心的。

我提著這一把菜，慢慢走回阿嬤家後院，不敢走太快，怕菜會散掉。進得廚房，阿嬤已在忙活，她燒起一鍋熱水，從後門掛著的竹籃裡，拿出幾個蒜頭，用刀背狠狠地在木砧板上拍碎，隨即把蒜頭置於大碗公裡，加幾杓醬油，跟著打開水龍頭，嘩啦啦地摘洗我剛買回來的菜，把較粗的莖幹丟掉，只留下葉片和嫩莖，都清理好以後，把菜隨意切成小段，一股腦地丟進已沸騰的水裡，才一會兒就撈出來。

「阿嬤，這樣會熟嗎？」我好奇地問。

「怎麼不會？蕹菜不能燙太久，會烏嘛嘛，很難吃。」阿嬤把漏勺裡的菜，統統倒入大碗公裡，用筷子把菜和蒜頭醬油拌合均勻，接著又從陶罐裡舀了一匙豬油，淋在菜葉上，拌了拌。拌了佐料的這蔬菜，色澤比未煮之前深濃，隱約汪著油光，在墨綠的菜葉間，埋伏著因浸了醬油而邊緣透著深褐痕跡的白色蒜頭粒。

我迫不及待地夾起一筷子，送進嘴裡，蒜頭醬油帶點沖鼻的香氣，拌著清香的草葉味，霎時襲向整個口腔，那滋味是從小習慣吃冬菇燴菜心或菠菜燒豆腐的我，從來沒有嘗過的。

而且，這還是我剛才獨自一人去菜園買回來的喔！我一邊吃菜，一邊替自己頭一回獨當一面完成大人交給我的任務而喜不自勝，菜嘗在嘴裡，遂更加可口芳香。平日偏食的我，當天就著這一盤空心菜，吃光阿嬤盛給我的一碗飯。

回家以後，我對爸媽形容在阿嬤家吃到的莖幹中空的奇妙蔬菜，媽媽便說：「你說的是蕹菜啦，就是空心菜。」她後面這一句話是順帶向不懂台語的爸爸說明。

從此之後，家裡的餐桌上，除了爸爸愛吃的雪菜百頁、爛糊肉絲或蔥燒鯽魚等江蘇菜外，不時也可見到這一盤蒜香四溢的台灣家常菜。

直到現在，我仍然喜歡這道清爽樸實的青蔬，後來更從祖籍廣東的朋友那裡，學會另一種烹調法，用腐乳炒蕹菜，其味香濃下飯，佐酒亦妙。不過我吃來吃去，始終覺得還是將空心菜燙過，簡單地用蒜頭、醬油和少許豬油拌一拌，最有台灣味，也最耐吃。

至於街頭小店喜用肉燥拌蕹菜的做法，我一直沒法喜愛，老覺得太油膩，肉燥太奪味，一吃但覺滿口的肉味，空心菜那天然的清芬好滋味，到哪裡去了？

空心菜蒼蠅頭

頭一回吃到空心菜梗，簡直不可置信。這不是粗粗澀澀、必須摘除當廚餘餵豬的東西嗎？怎麼會端上桌給人類食用？夾起一筷子送入口。奇了，那菜梗脆、辣椒香，豆豉有發酵物特有的鮮味，美味得超乎預期，從此不敢小看空心菜梗。

很多年過去，我移居荷蘭，有一天突然渴望著吃「蒼蠅頭」，大部分材料都不難辦，韭菜花卻得專程去泰國店或中國超市買，價錢還挺貴的。想起一條街以外的加勒比海雜貨店，時時都有空心菜，一試之下，果然不錯，質地爽脆，雖然少了韭菜花的辛香，但也多了幾許清芬。

材料

空心菜1把（約250公克）
現成滷豆乾5片
蒜頭1瓣
豆豉1湯匙
辣椒1至2根

調味料

鹽適量
米酒1瓶蓋

做法

1 空心菜摘去嫩葉和細莖，可做他用，粗梗切約1公分。豆乾切丁，蒜頭拍碎切末，辣椒切片。如果用的是乾豆豉，先泡水變軟後，瀝去多餘水分。

2 鍋子燒熱後下冷油，豆乾丁下鍋炒香，加蒜末再炒，待蒜香傳出後加豆豉和辣椒，炒香。這時如果覺得鍋子太乾，可酌加少許油。

3 空心菜梗下鍋，撒一點鹽，從鍋邊熗米酒，快速炒勻即可。

蔥油燜茭白筍

我上江浙餐館常點「油燜筍」，自己在家也做，碰上冬筍和綠竹筍青黃不接時期，就改吃油燜茭白筍。然而，茭白筍並不是筍，和水稻的關係反倒近，也是禾本科草本植物。

茭白筍是「菰」這種植物的莖，更正確的講法是「病態莖」。天氣炎熱時，菰易受一種真菌感染，寄生在莖中，不斷刺激嫩莖增生細胞，逐漸膨大，就成了白白嫩嫩的茭白筍。有時買回家的茭白筍，切開一看，裡面有黑點，就是這種名為「菰黑穗菌」的真菌孢子，雖然較不好看，但只要數量不是太多，並不會影響食材風味和口感。

材—料

茭白筍 5 支

蔥 2 根

調—味—料

醬油 1 湯匙半

糖約半湯匙

紹興酒少許

香油或白芝麻油少許

做—法

1 茭白筍去殼去老根，洗淨切滾刀塊。蔥切段，部分蔥綠切成蔥花，裝飾用。

2 鍋中放多一點油燒熱，下蔥段，中火煸香，轉大火，下茭白筍翻炒，加醬油、糖、一點點水，煮滾，轉中小火，加鍋蓋，燜煮至入味，約7、8分鐘，不時翻炒一下，以免焦底。

3 轉大火，熗一點酒，收汁，出鍋前淋一點香油和蔥花。

油醋漬烤彩椒

這是我舉辦「家宴」時常做的菜色，色彩繽紛，質地軟糯，味道酸酸甜甜，非常開胃，因此每一回端上桌，配用烤箱回烤過的法國長棍麵包或義大利巧巴達麵包吃，總是大受歡迎，到目前為止，無人不愛。

做法根本不難，比較麻煩的是，家中得有大烤箱。我試過用小烤箱來做，但是因為甜椒離上火太近，烤到半途時需在甜椒上頭放一張鋁箔紙，以免甜椒太快烤焦，椒肉卻未及變軟。

我常常會多做一點，放在冰箱可保存一周，除了當前菜，拿來拌義大利麵或者當成煎豬排、煎魚乃至牛排的配菜亦佳。

材—料

紅甜椒 4 顆
蒜頭 2 瓣（拍碎）
歐芹末少許

調—味—料

鹽和黑胡椒少許
義大利黑醋（即巴沙米可醋）或葡萄酒醋半湯匙
冷壓初榨橄欖油適量

做—法

1 烤箱預熱至攝氏200度，烤盤上鋪鋁箔紙或萬用料理紙。

2 甜椒洗淨，用紙巾拭乾水分，整顆置於烤盤上，送進烤箱烤12至15分鐘，取出烤箱，將甜椒翻面，再送回烤箱，繼續烤10分鐘，至甜椒表皮起皺。

3 取出甜椒，置於大碗中，用鍋蓋或保鮮膜蓋住，也可用鋁箔紙包起來。放涼至少半小時，到甜椒已降溫至手可以觸摸而不覺得燙的程度。

4 自碗中取出甜椒，去蒂頭，撕開，倒去水分，去籽，剝除薄皮，切成長條。

5 甜椒條和調味料混合，加進蒜頭，置於乾淨的保鮮盒中，醃漬四小時或隔夜，食用前疊放於盤上或碗中，淋少許醃汁，撒上歐芹末。

加勒比海風味東方雞

說是加勒比海風味，可是從材料、調味料至做法，都類似中菜。

這也不奇怪，加勒比海地區有不少華工的後裔，他們的老祖宗當初從中國遠渡重洋，到異鄉當苦力，胼手胝足，在熱帶島嶼上娶妻生子，也把故國的生活習慣和飲食口味帶到新的國度，從此異國變家鄉。

東方雞，正是華工流傳下來的菜色，當中的蘭姆酒，賦予此菜加勒比海風情。如果家中沒有，可改用更容易取得的雪莉酒或白葡萄酒，或索性用米酒，只是用了米酒，就會被「打回原形」，重回中菜行列了。

材料

去骨雞腿 4 片
蒜頭 2 瓣
薑 6 片

醃料

醬油 2 至 3 湯匙
紅糖 1 湯匙
蘭姆酒 3 湯匙

調味料

檸檬汁 2 湯匙
黑胡椒、百里香適量

做法

1 醃料置於小鍋中，小火加熱，不時攪動，至糖融化即熄火，放涼。

2 蒜頭拍碎，連同薑片和雞腿排，置大碗中，加進已變涼的醃汁和檸檬汁，醃4小時以上。

3 取出雞肉，稍瀝乾醃汁。平底鍋燒熱，加一點食用油，改中大火，雞肉下鍋，雞皮朝下，逼出油後，翻面，轉中小火，把雞皮煎脆，雞肉煎熟即可。

4 若用不沾鍋則冷鍋冷油開始煎，也可進預熱至200度的烤箱烤約30分鐘（雞皮朝上）。BBQ炭火燒烤也行。

5 雞排盛盤，撒一點現磨黑胡椒粉和百里香（或任何喜好的香草），搭配檸檬角和生菜沙拉尤其好吃。

六月

June

瓠瓜又稱扁蒲或蒲仔，正式的名字是葫蘆，未成熟的果實是蔬菜，成熟且木質化後就成了容器，乃古早時代的隨身壺，傳統戲曲中，濟公和尚腰間就繫著葫蘆。不過，台灣市場上較常見的瓠瓜以長蒲和花蒲為

多，兩種都不是標準葫蘆形，純粹是供食用的農產。

瓠瓜說來是好瓜，維生素C含量多，據說可以清熱利尿，還有助降低血糖，加上煮熟的瓜很軟，頗適合老人家食用。要說此瓜的「缺點」，就是烹法較單調，不是加了蝦皮或蝦米清炒、煮湯，就是拿來包餃子或加進麵糊中煎成餅。

我最常做的，正是蝦皮炒瓠瓜或瓠瓜煎餅，有一天突發奇想，何不用大阪燒的做法和調味方式來煎瓠瓜餅呢？從此，我的菜單中多了這一道大阪燒風味瓠瓜香菇煎餅。

大阪燒的日文為お好み焼き，也有譯為御好燒，基本的材料有高麗菜、山藥泥、雞蛋和麵粉等。我用瓠瓜絲取代高麗菜，懶得磨山藥泥，也省略，直接用現成的預拌粉來調麵糊，坦白講，有點取巧，但忙碌的時候，不增添自己的壓力，吃得才舒心愉快。

大阪燒風味瓠瓜煎餅

材料

瓠瓜 300 公克
鮮香菇 3 至 4 朵
蔥花 1 根

麵糊料

雞蛋 1 個
水 125 至 150 毫升
現成大阪燒粉 100 公克

調味料

鹽
美奶滋
大阪燒醬或醬油膏
柴魚片
青海苔粉（滸苔）各適量

做法

1 瓠瓜削皮、刨絲，置調理盆或大碗公中，撒一點鹽，抓勻，靜置5分鐘讓它出水。用手輕輕壓，擠出水，置濾勺中瀝去多餘水，備用。倒掉容器中的瓜水。

2 香菇去蒂，切成薄片，雞蛋稍微打散，不必打太久。

3 瓜絲倒回調理盆，拌進香菇和蔥花。加進蛋液、大阪燒粉和水，水請不要一口氣加，先加¾左右，看看麵糊的稠度，要比一般做可麗餅或蔥花攤餅的麵糊稠一點，且看起來菜比麵糊多。

4 平底鍋中加進油，等鍋子和油熱了，倒進麵糊。可以煎兩個小的，一人一分；或煎成一大張，兩人分食。

5 蓋上鍋蓋，中小火燜煎至底部焦黃，表面麵糊大致凝結。翻面再煎2分鐘，不必加鍋蓋。

6 盛起，置盤上，抹上大阪燒醬或醬油膏，撒柴魚片和青海苔粉，擠上美奶滋，上桌。

來自溫泉鄉的日式鄉愁

我的廚房裡常備著味醂、清酒、柴魚、小魚乾和昆布等日式料理的基本材料，清閒時會利用當中兩三樣，煮一鍋「出汁」（日式高湯），分裝起來，置冰箱冷藏或冷凍，隨時取用，當湯底、燉煮菜餚，或調蘸醬都好。

遇上天熱懶做飯時，去超市買生魚片，用鹽麴加糖醋淺漬兩條小黃瓜或燙一把青菜，配一碗白飯，再來一壺煎茶或高湯沖海帶芽，就是簡便的一餐。寒流過境時，換「涮涮鍋」（しゃぶしゃぶ）上陣，將高湯置火鍋中加熱至沸騰，煮一點蔬菜、金菇、豆腐，燙一些牛肉片，或魚片、草蝦之類的海鮮，蘸著自調的酸柑醬油汁和胡麻汁，邊涮邊吃，禦寒又飽足。偶爾，看到市場有紅鮒魚頭或膠質較多的石斑魚，則會仿照日式做法，做一碗鹹香鮮甜的和風紅燒魚。

如此一一數算下來，發覺自己日常吃進的東洋味可真不少，我在飲食上算是個「哈日族」吧。

而我哈日的緣由，並非來自日本電視美食節目，與漫畫、日劇等流行文化亦無關。事情或許得從北投說起，那裡是我的故鄉，也是台北近郊一個殘留著些許日本風情的小鎮。

北投後倚大屯山、前擁淡水河，青山綠水，風景秀麗，還擁有溫泉湧出口，源源不絕的礦泉水冒著白煙，沿著北投溪潺潺流過。日治時代，殖民者發覺這一座自然寶藏，積極開發溫泉礦源，引進泡湯文化，將距離台北十幾公里的這個純樸聚落，化為繁榮且脂粉風華的溫泉鄉。

我出生時，日本人早已離開，他們帶走殖民者的傲慢和戰敗的恥辱，卻帶不走他們曾在北投各個角落費心營造的東洋風情。兒時，駐足在新北投溫泉區，放眼望去，山坡上仍有不少老舊的木造日式建築與溫泉浴場，和戰後興建的水泥房子和平共存。我一直住到十四歲的家，就坐落在新北投半山腰上，是新蓋的西式洋房，而離我家不過咫尺之遙，有一幢日治時代的官員別墅，後來被政府接收，分隔成許多小單位，成了媽媽工作機構的員工宿舍。

媽媽的同事有不少就住在這幢日式大宅裡，他們的家雖然沒有我家的洋房那麼寬敞，卻共同擁有一座樹木參天，處處模擬自然風景的大庭園。園中散落著石燈籠，石板步道高低起伏，草木花叢錯落有致，大池塘的形狀如小溪般曲折，奇岩假山、流水小橋一應俱全。這林林總總，都顯現當年造景師傅的匠心，而我到很多年以後，才明白那正是具體而微的日本迴遊式庭園。

那裡不但是我和友伴玩躲迷藏和家家酒的最佳場所，我更時常獨自徘徊其間，幻想著昔日的和服美女婷婷嬝嬝地在花間穿梭而過，而她每一回經過池邊，總要駐足觀看池中的游魚——只是那會兒池中已無魚，只有我們這些小孩從公園裡捉回來的蝌蚪。

或許就是凡此種種的想像，植下我日後為日式庭園著迷的因子。多年之後首度赴京都旅遊時，最讓我流連忘返的，不是古剎名寺，而是各處知名或不知名的庭園。有一天，在郊區一條僻靜的巷弄裡，我甚至看到了和兒時鄰家大宅相仿的一幢宅第，當時一陣恍惚，竟以為自己回到了舊日的北投。

說不定，最讓我念念不忘的，並不是日式料理的好滋味，而是殘留著和風的舊日北投、讓年少的我感動的和式美感，以及我那相對悠遊自在的童年時光？

和風紅燒石斑魚

新冠肺炎疫情期間，大多數產業受到打擊，農漁產業也不例外，朋友找我參與民間組織的公益活動，隨同多位專業大廚與家庭廚師，每人分別設計並烹飪一道石斑魚菜餚，希望藉此推廣優質的本土養殖漁業。我一聽，完全不需要考慮，當場答應，身為愛吃鬼，又是飲食寫作者，這種有意義的事，怎麼可以推三阻四。

既然旨在推廣，烹法「親民」一點，或能較有成效。左思右想，決定仿造日式甘露煮的做法，做技術門檻不高的和風紅燒魚。

此做法有兩大好處，一是烹飪時無油煙，二是魚用不著先煎過，因此就不怕煎破魚皮了。而且，因為不油不膩，加上在燉煮的過程中，魚的膠質釋放至醬汁中，冰涼即是魚凍。這道紅燒魚冷熱食皆宜，一次多煮一點，分兩頓食用，也是一魚兩吃。

沒有龍虎石斑魚，用別種魚亦可，好比紅條、鱸魚、大比目魚片、午仔魚都行。鮭魚、鯖魚和竹筴魚等魚，因腥味較重，較不適合。

材—料

冷凍龍虎石斑魚 1 條（500至600公克）

薑 6 片

蔥絲或芫荽、青紫蘇少許

調—味—料

清水或昆布高湯 2 杯

淺色醬油 2 大匙

深色醬油 1 大匙

味醂 2 大匙

冰糖或砂糖 1 大匙

米酒或清酒 2 大匙

鹽少許

特—殊—工—具

鋁箔紙或萬用料理紙 1 張

做—法

1 冷凍石斑魚整包用流水解凍，或前一晚取出置冷藏室解凍。取出，切成4至5大塊，用熱水快速汆燙，至魚肉變白即可。

2 調味料連同薑片置鍋中，有日式雪平鍋固然好，沒有，用一般炒鍋也無妨。將調味料煮沸，這時可以嘗嘗味道，看是否要加鹽或糖。醬汁應該比煮好的湯鹹一點，又比燒好的紅燒魚汁淡一些，應該是鹹中帶甜。

3 魚頭、魚尾和魚塊下鍋，中大火煮3分鐘，其間需不時舀起醬汁澆在魚肉上。

4 轉中小火，將鋁箔紙或料理紙剪成圓形，中央並剪出一個小洞，蓋在魚肉上。續煮3分鐘，掀開紙，小心地將魚塊翻面，再蓋紙，轉小火，續煮6至7分鐘。

5 取出煮好的魚，淋醬汁，撒上蔥絲，若有青紫蘇更好。

6 其餘的魚塊排進一深碗中，倒入湯汁，冷藏一夜後即成魚凍，吃時倒扣盤中，上面可撒嫩薑絲和綠色辛香葉如青紫蘇、芫荽或蔥花。喜歡甜酸口味者，可淋一點醋（烏醋或米醋）或檸檬汁。

歐式糖醋黃瓜

天一熱，就想吃點涼涼的、帶點酸味的東西，好比拌了蜂蜜芥末油醋醬的生菜沙拉，或拌了義大利黑醋的番茄和芝麻葉。偏偏一入夏季，萵苣生菜和番茄不再盛產，我在菜攤前左看右瞧，看看有哪樣蔬菜最適合涼拌或做西式沙拉。最終，往往又買了小黃瓜。

小黃瓜真是好瓜，可以加肉片或雞丁快炒，做成涼菜更是清新爽脆，中式做法可以簡單到只需淋上三合油（醬油、油和麻油）的程度，複雜一點的話，調個麻醬或紅油汁，滋味更豐富。

西式也不難，仿希臘風味的蒜味優酪醬也好，蒔蘿糖醋汁也好，坦白講，都不需要什麼技術。唯一要注意的是，不論中式或西式，由於小黃瓜含水量大，涼拌或做沙拉前，都需要用鹽醃一下，讓瓜肉出水，做好的涼菜才會入味。

材—料

小黃瓜 4 條
鹽 1 茶匙
紫洋蔥半顆
新鮮蒔蘿 2 湯匙
（或乾蒔蘿 2 茶匙）

醬—料

白醋 1 杯
冷開水半杯
糖半杯

做—法

1 黃瓜切薄片，撒鹽拌勻，冷藏1小時，使其出水。紫洋蔥切薄片，泡在冰水中冷藏至少10分鐘，如此可減少嗆味。

2 倒掉黃瓜出的水，加進洋蔥，拌勻。

3 醬料倒入小鍋中，開大火煮至糖融化，約3至5分鐘。放涼，即為糖醋汁。

4 將已變涼的糖醋汁倒入黃瓜和洋蔥碗中，加蒔蘿攪拌，蓋上保鮮膜或盤子，冷藏約1小時即可。

廚間小語

另外一種我很常吃的黃瓜沙拉做法是蒜味優酪，醬汁用希臘優酪或無甜味的鮮乳優酪1杯、冷壓初榨橄欖油1至1.5湯匙、檸檬汁1湯匙、蒜泥1瓣、鹽和白胡椒各少許調勻，拌入加鹽擠出水分的小黃瓜，冰涼食用也非常清爽開胃。

高升排骨

不知從何時開始，高升排骨成了「經典年菜」，因其菜名有「步步高升」的寓意，過年，討個吉利嘛。

忘了確切是哪一年，總之那時我未滿十五歲、還住北投。街坊鄰里間關係緊密，去鄰居家串門子，順手帶一碗自家炒的米粉，回家時帶回一盤別人家蒸的包子，是稀鬆平常的事。

記得幾乎是突然之間，家家戶戶都在做高升排骨，倒也沒特別當成年菜。大家都愛做，主要是做法簡單而味道可真美，那陣子，「一酒二醋三糖四醬油五清水，步步高升」的口訣，連孩子都朗朗上口。

高升排骨為什麼會風行起來？會不會是有某位烹飪老師在電視上示範了這道菜，還是哪家大報刊登了這則食譜，引發大夥爭相仿效？發明高升排骨這道菜的，到底是何方高手呢？

多年之後，我仍在尋找答案。

材—料

小排骨 600 公克
小棵的青江菜（或豆苗） 1 把
薑 4 至 5 片
蔥 1 把

調—味—料

米酒或紹興酒 1 湯匙
醋 2 湯匙
糖 3 湯匙
無添加糖的醬油 4 湯匙

做—法

1 小排骨洗淨，入滾水汆燙去血水，撈出，置水龍頭底下，用水沖去雜質。

2 排骨置鍋中，加入調味料、水 250 至 300 毫升和薑片。蔥打個結，也放入鍋中。大火煮滾後轉小火，蓋鍋蓋煮25分鐘後，翻動一下鍋中排骨，使受熱且上色均勻，蓋回鍋蓋，再煮15至20分鐘。熄火，備用。

3 青江菜用加了一點鹽的滾水燙煮，撈起，鋪在盤底或圍在盤邊。

4 將排骨中的蔥撈出丟棄，排骨盛在盤中，多淋點醬汁，端上桌。

廚間小語

如果家中沒有無添加糖的醬油，用的是已含糖的醬油，調味料中糖的分量就需要減少，以免太甜，可在湯汁大滾後試試味道，決定如何調整。

七月

July

母親生前愛吃苦瓜，每逢自覺「上火」了，就會打苦瓜汁或燉苦瓜排骨湯，說是苦瓜可退火。然而一有苦瓜上桌，小孩子卻叫苦連天，受不了那股苦味，一家六口就只有爸媽吃得津津有味。

至今記得那一天，媽媽說，學會讓苦瓜不苦的辦法了，只要把苦瓜燙過再煮，就不會苦。我半信半疑地看了桌上那盤加了辣椒、豆豉和丁香魚炒的苦瓜，嗯，聞起來是很香；好吧，就嘗一口。夾起筷子送進嘴裡，果然苦味變得很淡，妙的是，會回甘。

從那一天起，苦瓜也成了我愛的蔬菜。如今烹調苦瓜時，會看同桌用餐者的口味，決定要不要先汆燙。如果對方吃不得苦，就先燙再煮；倘若一桌全是「自討苦吃」的人，那就直接下鍋炒或燉煮。

說到底，比起生離死別之苦，苦瓜的苦，並不算苦啊。

蔭豉丁香炒苦瓜

材—料

白玉苦瓜1條
辣椒1至2根
蒜頭3瓣
豆豉1湯匙
丁香魚1湯匙
青蒜少許

調—味—料

鹽少許
糖1茶匙
水4湯匙
米酒1瓶蓋
香油或白芝麻油少許

做—法

1 苦瓜洗淨，縱切對半，挖除籽和薄膜，切片，滾水汆燙2至3分鐘，撈起，備用。辣椒切斜片，蒜拍碎切末。

2 起油鍋，爆香蒜和辣椒，再下豆豉和丁香，炒香。

3 苦瓜、青蒜片下鍋，加鹽、糖和水，拌勻。蓋上鍋蓋，轉小火燜約8分鐘。

4 開鍋蓋，轉大火，從鍋邊淋米酒熗一下，滴一點香油或白麻油，熄火，盛起。

雪菜筍絲百頁

自從學會自製雪菜後，我就極少購買市售的雪菜，一來是自己做的合自己的胃口，二來則是這種醃漬物，自己做的，除了鹽以外，什麼人工添加物也沒有，吃來總是安心一點。

雪菜又叫雪裡蕻，蕻的讀音為四聲hong，也有人寫成紅，同音二聲。原是指一種皺葉芥菜，但如今泛指用鹽醃漬過的好幾種十字花科蔬菜。適合用來醃製雪菜的，有小芥菜、蘿蔔葉、小松菜（日本油菜）和青松菜（葉似小芥菜、莖像小松）。我自己是看到哪種菜就買那種，最常用有機或無毒種植的小松菜來醃雪菜，原因無他，容易買到而已。

一把菜在250到300公克之間，洗淨後晾乾，或用紙巾拭去葉上水分，均勻抹上細海鹽，莖部分多搓幾下，葉部分輕輕揉一下就好，裝進乾淨密封袋中，置於大盤上，上面加重物，醃漬一夜後，倒出鹹水，這時已可拿來做菜，但最好放進冰箱冷藏再醃三天，味道更足。

材—料

自製雪菜 5 至 6 株
濕百頁或豆皮 120 公克
熟筍 150 公克
肉絲 80 至 100 公克
熟毛豆仁 100 公克
薑末 2 茶匙、
辣椒片少許（可省略）

醃—料

醬油 1 茶匙
太白粉水或番薯粉水 1 茶匙
白胡椒粉少許

調—味—料

糖少許
高湯或開水約 200 毫升
鹽適量
紹興酒少許

做—法

1 自袋中取出自製雪菜，在清水中泡一下後擠乾水分，切碎。

2 百頁用加了鹽的滾水快速汆燙，撈出。

3 熟筍切絲。肉絲用醃料醃15分鐘。

4 起油鍋，肉絲先淋上1茶匙油，用筷子攪散才下鍋炒，變色就可盛出。

5 利用餘油炒薑末，傳出香味後下辣椒，再加雪菜，一同翻炒。

6 加進燙過的百頁和筍絲，稍拌炒後下毛豆，加一點糖炒勻，淋高湯或水，蓋上鍋蓋煮2至3分鐘，讓百頁入味。

7 掀鍋蓋，肉絲回鍋，略拌炒，嘗嘗味道，再決定是否加鹽，最後自鍋邊熗入少許紹興酒，拌勻即可起鍋。

自製雪菜

廚間小語

這裡的百頁不是百頁豆腐，而是又稱千張的乾豆腐皮，需泡軟再烹調。傳統市場豆腐攤常有已泡好的百頁。

按照上海做法，炒雪菜，薑、蒜和辣椒都不必加，尤其是台式熱炒愛用的蒜頭，上海菜用得少。

在旅途中學做菜

因為太愛吃義大利菜，連帶著對義國文化和生活也產生興趣。多年前，在結束最後一個朝九晚五工作後，我飛到北義訪友兼旅遊，待了一個月，其中有一個星期獨自前往翡冷翠，上短期烹飪課。

烹飪班的主任兼老師是美國廚師茱蒂，那會兒定居義大利已十幾年。她當初為了鑽研義大利美食，從加州家鄉，遠渡重洋來到托斯卡尼，嫁給本地人成為翡冷翠媳婦後，離開餐廳工作，在家裡開了這間有如私塾的烹飪教室，專教外國人托斯卡尼地方菜

我是偶然間在網路上發現這間烹飪私塾的資訊，根據網頁說明，其課程短且有彈性，一期只有五天，想要蜻蜓點水般只上一天課，也可以商量。每天上課第一件事，就是上市場採買，看有什麼當令食材新鮮又美味，就買什麼。買好菜，大夥回到烹飪教室的廚房，在老師的示範和指導下，學生同心協力，親手做出當日午餐菜餚。一天的課程在酒足飯飽後陶然結束，第二天再重聚一堂，學做更多佳餚。

這課程聽來太有吸引力了，對於一個熱愛烹調且喜愛旅遊的饞人來說，有什麼事情能比在旅途中的廚房邊學邊做，還能夠品嘗心血結晶更有意思呢？

就這樣，那年秋天有一小段日子，我置身在翡冷翠一間老公寓的

廚房裡，和另外四位來自不同國度的同學一同走進托斯卡尼的美食天地。從我們所在的老公寓下樓去，拐個彎，便是翡冷翠最知名的羅倫佐市場，我們這一天的美食烹飪之旅就從市場開始。

我們先上二樓的咖啡吧各喝一杯卡布奇諾，再跟著茱蒂下樓，到一家專賣各式熟食和美食材料的鋪位。茱蒂和這鋪子一家人熟得不得了，老闆兩兄弟哪個比較風流，漂亮的妹妹最近又有什麼新戀情，她全都瞭若指掌。

茱蒂用流利的義語，嘰哩呱啦地和櫃台後的兩兄弟不知在商量什麼，接著偏過頭來，向我們解釋，「我在問他們今天有什麼拿手菜，請他們拿來給大家嘗嘗。」

只見兩兄弟忙著從櫃台上各色各樣的熟食裡，這兒舀一點，那兒切幾片，不一會兒竟遞過來一大盤小點心，有火腿、香腸、乳酪、醋拌小章魚、各種油漬時蔬，全都是要給我們試吃的。我遲疑著不知該不該伸手去拿；天下沒白吃的午餐，吃了之後不買，真不好意思。

把疑慮說給茱蒂聽，她卻笑了，「放心，他們是好朋友，不計較的，何況我也算大主顧。」原來茱蒂總是介紹學生來向這家人買食材，自己應聘做外燴也會向他們辦貨。聽她這麼一解釋，我也就老實不客氣了。

告別慷慨的店家，接著下來才真正要開始買菜了。茱蒂領著大夥在市場裡繞來繞去，中間經過好些肉鋪、野禽店，我通通側過臉去，唯恐看到豬頭橫陳、死鳥高掛的畫面。

七拐八轉，來到一個專賣各種菇類的攤位，義大利人愛吃的牛肝蕈已經上市，肥碩又新鮮，茱蒂買了一大袋，等一下要拿來做燉飯。鮮菇到手，我們再次上二樓，買新鮮蔬菜去，不一會兒，大夥手中多了黃色的櫛瓜花、綠番茄、朝鮮薊和一大把鼠尾草，這些是做開胃菜——油炸什錦蔬菜的原料。

接下來該買海鮮主菜，經過魚販，看烏賊新鮮，茱蒂決定教我們做一道簡單的蒜味烏賊。烏賊洗淨切段後，用橄欖油半泡半炒，只需加蒜、辣椒、鹽調味就行，這道菜主要在吃烏賊本身的甜味。

所有材料買齊，打道回府的時候卻仍未到來，這時早已過了正午，可以喝杯葡萄酒，順便再吃點東西了。於是我們又隨著茱蒂，來到另一個熟食攤。茱蒂表示，老闆一家四口是西西里人，擅長各種西西里小菜和點心，這麼說，不能不嚐嚐西西里風味烤豬肉了。我們合點了一盤，一人再來一杯清淡的紅酒，豬肉雖帶肥卻不油膩，雖是冷食仍覺可口，我邊食邊啜飲著紅酒，竟覺得有些醺醺然。

在市場逛了一個多小時，我的肚子好似快填滿了。不過，你要是以為我會就此告歇，可就太小看我肚腹的彈性了。回到茱蒂家，大夥在她的示範下，一起動手洗洗切切、起油鍋燒菜，就在邊學邊做之間，三道菜外加奶凍甜點大功告成，望著自己參與烹調的菜擺了一桌，發覺肚子又咕嚕叫了起來，看一眼牆上的鐘，原來已經三點了，大夥端起先前在市場附近酒鋪買來、此刻已在冰箱涼透的白酒，互道一聲cin cin（敬酒），拾起刀叉，開始享用這頓雖晚來卻不嫌遲的午餐。

SANSONINA

50
2,4

10x 7,00
7,00

蒜味小卷

在超市買到台灣東北角海岸的小卷，從外觀看來，已快速汆燙過。傳統做法是加薑絲、醬油和酒，蒸、炒或煎酥，我卻決定按照當年在義大利上烹飪私塾時學會的手法，用蒜油來煮。

此菜做法的關鍵是，油需多，火不可大，小卷表面的水分得抹乾，說是煮，更像是將小卷用油泡熱。吃完小卷剩下的油汁可千萬別倒掉，用來拌義大利麵，鮮到不行。同法亦可煮切成圈狀的中卷或透抽。

材—料

市售熟小卷 200 公克
蒜頭 4 瓣
辣椒 1 至 2 根
檸檬角 1 個

調—味—料

冷壓初榨橄欖油 4 湯匙
鹽適量
歐芹或芫荽 1 小把

做—法

1 小卷沖洗一下，瀝去多餘水分，然後用紙巾拭乾。

2 蒜和辣椒分別切片。

3 冷鍋倒入橄欖油，開中小火，下蒜片，慢慢煎黃，加進辣椒，煎煮20至30秒，怕辣的也可不加，或整根辣椒不切，入油鍋略煎即可。

4 小卷下鍋，在油中半煮半浸泡2至3分鐘，至熱透，調味。

5 盛起，淋入一半的油汁，加歐芹或芫荽點綴，附上檸檬角，上菜。

MELQUIOR

辣香腸白酒蛤蜊

在西班牙和葡萄牙居遊時，發覺這兩國的烹飪都有個特色，喜歡在同一道菜餚中匯集海與陸，換句話說，將海產和肉類同燴於一鍋。舉例而言，本書三月菜色「歐式蛤蜊煮魚」（見第58頁）、十一月菜色「葡萄牙風蛤蜊燴豬肉」（見第196頁），還有這一道辣香腸炒蛤蜊，統統是山與海的結合。

西、葡都有以風乾辣豬肉腸炒蛤蜊的菜色，在西班牙，辣香腸叫做chorizo，葡萄牙人則稱之為chouriço，兩國的辣香腸呈都椒紅色，切了片就可直接吃，夾麵包或下酒皆宜，拿來做菜亦佳。兩者中，葡國的辣香腸一般煙燻味較重，色澤亦較深。

兩國的辣香腸炒蛤蜊，做法大同小異，最明顯的不同或是最後的細節：西班牙人習慣撒上一點歐芹，葡萄牙人卻更常放上一撮芫荽。

我曾經問過我的葡萄牙同學莉蓮，為何葡萄牙人愛吃芫荽，她看了看我，想了一下，說：「有嗎？」

「有。」

「哦，芫荽滿好吃的，不是嗎？」

我怎麼覺得她並沒有回答我的問題。

材料

蛤蜊 300 公克
西班牙辣香腸 40 公克
芫荽 1 小把
蒜末 2 瓣
乾辣椒片 1 茶匙

調味料

橄欖油半湯匙
白葡萄酒 2 湯匙

做法

1 蛤蜊泡鹽水吐沙（約40至60分鐘）。
2 辣香腸切片或丁（或直接用市售辣香腸片）。芫荽留一小部分不切，其他切碎。
3 鍋中加橄欖油，開小火，蒜末和乾辣椒下鍋炒香，加進辣香腸，炒至香味傳出且出油。
4 蛤蜊下鍋，轉大火，加入白葡萄酒，拌炒至殼打開，熄火。
5 撒下芫荽末，拌勻即可盛盤，上面再放一小撮芫荽點綴。

廚間小語

如果買不到西班牙辣香腸，可改用湖南辣味臘腸，但臘腸需先蒸熟或煮熟，放涼後切小丁。

八月

August

僑居荷蘭時，食欲往往伴隨著鄉愁而浮沈，渴求的滋味時時在變動。幸好，我住的城市華人夠多，這些舌尖上的鄉愁多半能夠得到化解，有的可以在唐人街找到，有的能夠自己動手做。然而，偏偏有那一兩樣，整個荷蘭上天下地都找不著，好比說，竹筍。

試過偷偷夾帶生鮮竹筍回荷蘭，仔細用紙巾包好，放進密封袋，再包一層棉衫。結果，回到鹿特丹家中，取出一看，筍尖竟然變長變綠，筍也變老變苦，原來竹筍出土後，還會繼續生長。

後來，改帶真空包裝的筍乾，雖不似鮮筍那般清甜，但那發酵熟成的滋味，越吃越香，耐人尋味，那正是故鄉的味道啊。我珍之惜之，或炒肉絲，或燉五花肉，一次只捨得用上半包，因為吃完了就沒了。

這會兒，我已回到生長的土地，夏季的竹筍也好，筍乾也好，都不怕買不到，但我並未忘記在過往的異鄉生活中，筍乾的好味道曾給過我多少安慰。

筍乾炒肉絲

材料

筍乾200公克
肉絲100公克
蒜頭2瓣
辣椒1至2根
蔥1根
大紅袍花椒約10粒（可省）

醃料

醬油1小匙
白胡椒少許
食用油少許
太白粉水少許
（1小匙太白粉兌1小匙水）

調味料

蔭油1大匙
糖1小匙
紹興酒1瓶蓋
鹽適量

做法

1 筍乾用清水泡30分鐘（中途換一次水），以滾水汆燙4至5分鐘，瀝乾。

2 將醃料和肉絲混合均勻，醃15分鐘。蒜頭切末、辣椒切斜片、蔥切段。

3 熱鍋，倒入約1大匙油，醃好的肉絲下鍋，炒至變色即盛起，瀝油。

4 炒鍋再加約1大匙油，轉小火，花椒下鍋煎至香味傳出後，撈出花椒，轉大火炒香蒜末後，下辣椒和蔥段略炒。

5 筍乾下鍋拌炒，淋上蔭油，加糖，再炒一會兒後，下肉絲，撒一點鹽調味，熗一點酒，炒勻後起鍋。

廚間小語

不喜歡花椒味的話，也可不加。

麻辣豆腐

老同學來家裡吃飯，我做了麻辣豆腐。菜一上桌，她就開心地說，「我最愛吃麻婆豆腐了。」

「不正宗啦，應該是麻辣豆腐。」

「麻麻辣辣，滿香的。」她已迫不及待地舀了一匙，嘗了嘗，「怎麼會不正宗？」

我邊吃邊解釋。首先，今晚我炒的是豬肉末，道地川式麻婆豆腐則該用牛肉末；再者，我用的調味料，是黃豆加上蠶豆製造的台式川味辣豆瓣醬，而非僅用蠶豆的郫縣豆瓣醬。

雖說花椒油是用朋友送我的四川青花椒和紅花椒做的，我還自己乾炒了大紅袍花椒，磨碎了做花椒粉。但是嚴格說來，我從廚房端出的這一碗豆腐，的確麻辣，可惜並不「麻婆」。

「管它麻婆還是麻辣，」好友又舀了一匙，「只要下飯又好吃，就可以了。」

嗯，這話倒也中肯。

材—料

板豆腐1塊（300公克）
牛或豬絞肉120公克
薑末2茶匙
蒜末2瓣
乾辣椒片2茶匙
番薯粉或太白粉水適量（可省略）
花椒油1茶匙
花椒粉1茶匙
蔥花或青蒜片適量
油（菜籽油為佳）適量

調—味—料

辣豆瓣醬2湯匙半
醬油1茶匙
紹興酒1瓶蓋
鹽適量

做—法

1 板豆腐切丁，入加了鹽的滾水中汆燙，再沸騰後之即撈出。

2 起油鍋，加絞肉，用中火炒至肉末散開而焦黃，即「酥」了。加進薑蒜末，炒香。

3 下辣豆瓣醬、乾辣椒片以中小火略炒，淋醬油和酒，加約500毫升水，大火煮開。

4 豆腐丁下鍋，小火煮3至4分鐘，勾芡，轉大火煮滾，淋一點花椒油拌勻，盛起。

5 上桌前，撒上花椒粉和蔥花或青蒜片即可。

NOBRE
Cocktail
Mini-Salsichas
NOBRE
SALSICHAS WIENERWURST
SPECIAL OFFER!
原價: $23.00
特價: $16.90
NOBRE
COCTAIL
SPECIAL OFFER!
原價: $27.00
特價: $17.90
FRANKFURT
originals
PORTHOS
BACALHAU
com Grão
Cavala
Filetes de Cavala
Mackerel
Cavalinhas
老人牌三角豆馬介
休PORTHOS MORUE
18.53
老人牌橄欖油鯖魚柳
MACKEREL FILLETS
20.43
11.40
11.40
Mejillones
"Fritos" en escabeche
HABITAS
9'20
19'70
9'20
12'80
4'50
DYC
MALT
DYC
8
WHISKY
BROVER
BROVER
CONFITURA EXTRA
CONFITURA EXTRA
17'00
13'50
5'25
5'00
10'00
5'70
6'50
ESTURIÓN
ECOLÓGICO
CONFITADO

不將就的罐裝美味

忘了確切何時，約莫是歐美數國相繼宣布「封城」那陣子，有天下午我散步至街坊的超市，打算購買晚餐要用的生鮮蔬菜，順便補充特定品牌的鮪魚罐頭，家中存貨不多了。

挑好青菜，拿了番茄，走至陳列罐頭的那條走道一看，別說鮪魚了，凡是菜餚類的罐頭食品，一罐也不剩，貨架上空空如也。排隊結帳時隨口問了熟頭熟面的收銀員，才知道自上午起即出現人潮，除了罐頭外，衛生紙、麵條和多種泡麵也被清空。那一刻，我領會到何謂「人心惶惶」。

記得小時候，只有碰到氣象預報將有強烈颱風來襲前，才會出現民眾搶購罐頭和泡麵的狀況，因為這些耐貯存的食品，尤其是有效期限可達數年的罐頭，多半被當成「非常時期」才會食用的方便食。在大多數人心目中，罐頭食品和美食八竿子打不著邊。

我本來也這麼以為，直到我去了西班牙。

頭一回造訪巴塞隆納前，有位見識廣博又熱愛美食的友人告訴我，巴城有些小酒館專賣罐頭食品做成的 tapas，生意極好，連「分子廚藝」大師費蘭．阿德里亞（Ferran Andrea）和如今已過世的美國名廚安東尼．波登都是座上客。我聽了簡直不敢置信，罐頭貨耶，那不是颱風天時才吃的便宜貨嗎？

好奇心一經勾起，不去吃吃看，哪肯罷休。

一試之下，怪了，明明就是罐頭，怎麼沒有那股淒涼的「罐頭味」？原來，巴塞隆納優質的罐頭食品小酒館，賣的並非廉價貨，而是經過店家精挑細選的優質產品，其中不乏堪稱老饕等級的精品罐頭，售價可不便宜，一罐五、六歐元乃常事，有的甚至高達十歐元。

我光顧了好幾家賣罐頭tapas的小酒館，最喜歡在「乾土區」（Poble Sec）的Quimet & Quimet。這家小酒館已家傳好幾代，設有酒窖，店裡陳列的每一款酒和罐頭，都以零售價格外賣，內用則有多款單杯酒可點。

意外的是，小館的罐頭菜的確精緻可口，水準勝過不少以生鮮食品為食材的等閒餐館。

我一邊吃著各色美味，一邊思考這是什麼緣故，吃著吃著就明白了：除了罐頭食品本身的品質較佳以外，更關鍵的是——食材搭配極具巧思。

好比說，點一份風乾鮪魚，店家可不會光在脆麵包片上加點刨絲的魚乾就算數，還會細心地擱上一撮蛋皮絲、一點油漬番茄乾，外觀層層疊疊，質地有乾有潤，滋味鹹中帶甜酸，飽滿地散布整個口腔，真好吃。

另一款油封鯡魚也給我留下深刻印象，脆麵包片上墊了醃漬烤紅甜椒，疊上魚肉，再擺一根泡青辣椒和一小匙風乾番茄橄欖醬。這麼一來，品相變得繽紛，口感則清脆軟嫩兼之，多層次的味道讓人的味蕾好生滿足，真的是齒頰留香。

這幾年又發現，如此鄭重看待罐頭食品的，不只西班牙，葡萄牙亦然。後者不但有行銷全球的老牌平價沙丁魚罐頭，也有重視商品包裝、甚至像葡萄酒那般強調單一產地的精品罐頭。我一連三年居遊葡萄牙，回台灣的大行李箱起碼有三分之一空間塞了各色罐頭食品。

西葡二國看待與利用罐頭食品的態度與方式，給了我啟發，從此罐頭食品在我家不僅是方便的速食或保存食而已，我發覺只要多用一點心，多加一點創意，罐頭食品便可搖身一變為中看又中吃的家常菜，乃至足可宴客的美食。

我仿效巴塞隆納小酒館的做法，以各種水產罐頭為主食材，適度添加新鮮的香草、生鮮蔬果、蒜末或洋蔥丁、醃漬橄欖或酸豆，末了淋上冷壓特級橄欖油和酒醋，就可以組合成西式的開胃小點或前菜。

中式罐頭也有改頭換面之法，比方肉醬或肉燥罐頭，別只是拿來拌飯、拌麵，配上嫩豆腐丁，加點豆豉、蒜末燴煮，最後撒蒜苗或蔥花，非常下飯。再不，將花椒、薑末、辣椒和辣豆瓣醬炒成紅油，加進肉醬，煮板豆腐，最後撒上蔥花和花椒粉，神似麻婆豆腐。

不論是因為大特價搶便宜，還是害怕有一天行動自由受限，家中若囤了太多罐頭，花點心思，發揮個人創意，就用罐頭食品配合生鮮農產，烹煮一頓一點也不將就的美食。

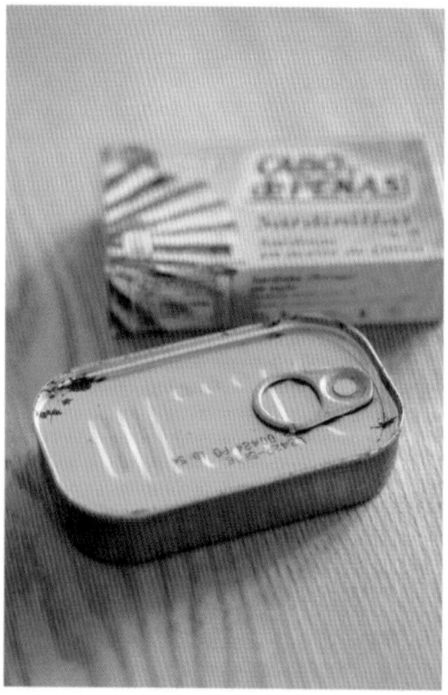

沙丁魚罐頭

罐頭沙丁魚洋蔥松子扁麵

我常用的罐頭中，以海味最多，像是價格廉宜又易取得的鮪魚，和油漬小番茄是好搭檔，用上好橄欖油、蒜末、酸豆一炒，拌上煮至彈牙的義大利扁舌麵，撒上少許歐芹或芝麻菜，應該沒有人會嫌棄煮婦或煮夫用了魚罐頭。

便宜的罐頭沙丁魚若空口吃，腥味較重又油膩，也可將洋蔥切細絲，小火炒香至幾乎要焦糖化，再拌入魚塊，淋一點白葡萄酒或酒醋燴煮一會兒即成，滋味酸甜甘香，可拿來拌麵，或冷食鋪在法國長棍麵包片上，當輕食。若想讓菜餚更豐盛，可以在裡頭添加乾炒過的松子，口感更加豐富。

除了油漬沙丁魚，油漬鮪魚、番茄口味的沙丁魚或鯖魚亦適用此做法，只是如果用的是番茄口味的，調味上需注意，以免味道太鹹。

材料

松子1至2湯匙
洋蔥（中等大小）1顆
義大利扁舌麵（linguine）150至180公克
油漬沙丁魚罐頭2罐
歐芹末少許

調味料

橄欖油、白葡萄酒或白酒醋、鹽、黑胡椒各適量

做法

1 松子乾鍋炒成金黃。洋蔥逆紋切細絲。

2 油下鍋，下洋蔥絲，小火慢慢炒軟炒香。

3 另煮一鍋滾水，加進麵條和1湯匙鹽。

4 瀝去沙丁魚的油，將魚下鍋，用木鏟稍壓切成小塊，淋酒或酒醋，燴煮2分鐘。嘗嘗味道，決定要撒多少鹽，加進現磨黑胡椒和松子。

5 將煮至彈牙的麵倒入鍋中，拌勻，若覺得太乾，可酌量加一點煮麵水。拌入少許冷壓初榨橄欖油，撒一點歐芹末。

奶油燴杏鮑菇豬肉

站在超市乳製品冷藏櫃前，我聽見左側有人在說，「我要牛油，做蛋糕的牛油，這是牛油嗎？」另一個聲音回答，「這是奶油。」我朝那邊瞧過去，問話的是位頭髮花白的大叔，答話的是面熟的年輕店員。

「我要的是butter，做蛋糕的牛油，這是牛油嗎？」大叔手中握著一大塊安佳奶油，重複剛才的疑問。

「我不知道什麼是牛油，這是奶油。」

我這時雞婆性格又發作了，走過去插話，對店員說：「牛油就是butter。」

「我沒聽說過牛油。」

「我是要拿來做蛋糕的，電視上說要用butter，牛油。」大叔語氣好不委屈，原來他看了烹飪節目，想試做懷念的滋味。

老少如此雞同鴨講，也不是奇怪的事。據我所知，butter這個詞彙譯法就有三種，小時候我稱它為牛油，長大後不知怎的，大家都叫它為奶油，到了中國大陸，名字又改為黃油。這讓我在翻譯與食物有關的書籍時，好不困擾。

我自己傾向於譯成牛油，因為奶油容易與cream混淆。所以，請留心，本書中的牛油，指的是butter，不是牛脂煉出的油。

材—料

腰內肉400至500公克
杏鮑菇3朵
麵粉2湯匙
洋蔥丁半顆
蒜末2瓣
牛油（butter）1小塊
鮮奶油（cream）200毫升
白葡萄酒（水）1至2湯匙
百里香少許

調—味—料

鹽、黑胡椒適量

做—法

1 腰內肉切片，杏鮑菇縱切成片。

2 在盤子中混合麵粉和1小匙鹽，將腰內肉片均勻沾裹上。

3 平底鍋燒熱，開中火，加進油和牛油，待牛油融化，油上冒的泡沫逐漸變小時，下肉片，兩面煎黃，盛起。

4 同鍋轉小火，如果覺餘油不夠，可酌加少許，先下洋蔥丁，炒至開始變透明時，加入蒜末炒香。

5 放入杏鮑菇拌炒，淋上白酒（或水），待酒蒸發得差不多後，倒入鮮奶油，轉中火，肉回鍋，加百里香，燴煮1至2分鐘。

6 適量加鹽和黑胡椒調味，盛盤。佐水煮馬鈴薯塊、米飯或義式蛋麵都好。

九月

September

曾經，有人稱呼一九四九年以後來台灣的「外省人」為「芋仔」，而「本省人」為「番薯」，言下之意，以番薯代表本土，芋頭代表外來。然而，說到芋頭和番薯的身世，前者在台灣島嶼存在的歷史，卻早於番薯。

芋頭原生於東南亞，是人類最早栽種的農作物之一，其栽培品種可能是原本居住於中南半島的先民帶來。早在漢人來台以前，原住民即種植並食用芋頭，排灣和魯凱兩族與蘭嶼的達悟族，至今仍將芋頭當成重要作物。

至於番薯，從名字中的「番」字，就能猜出它應是外來物種。番薯原生於中美洲，在哥倫布尚未「發現」新大陸前，歐洲人也好，亞洲人也好，誰也沒見過番薯。番薯可能是經由菲律賓輾轉來台，歷史大約四百年。

不過說到底，何者先來，何者後到，對於掌廚的人來講，或許都不重要，重點是如何怎麼把芋頭或番薯做得美味可口吧。

櫻花蝦芋頭米粉

材料

櫻花蝦 4 湯匙
乾香菇 5 至 6 朵
高麗菜 4 片
胡蘿蔔 1 小段
肉絲 120 至 150 公克
蔥白 2 根
純米米粉 200 公克
炸芋頭 300 公克
高湯 2 公升
芹菜珠、青蒜絲或芫荽少許

醃料

醬油 2 茶匙
太白粉水或番薯粉水 1 茶匙半

調味料

米酒 1 瓶蓋
鹽半湯匙
白胡椒、醬油各適量
番薯粉或太白粉水
（1 茶匙粉兌 1 茶匙清水）

做法

1. 櫻花蝦用水沖一下，瀝乾。香菇泡軟，切絲，泡菇水留用。
2. 高麗菜和胡蘿蔔切絲。蔥白切小段。肉絲加醃料醃15分鐘。
3. 鍋中加進油，開中火，不等油冒煙即下櫻花蝦，半煎半炸至香味傳出，約半分鐘，撈出，備用。
4. 利用鍋中餘油炒肉絲，變色後下蔥段和香菇絲，炒香，熗一點酒。
5. 加高麗菜和胡蘿蔔絲，略拌炒後加芋頭，注入高湯和泡菇水，大火煮滾後轉中火煮一會兒，用竹籤插芋頭，如果很容易穿透，芋頭就夠熟了。
6. 純米米粉不要泡水，直接在水龍頭底下沖10秒即加進鍋中，加入調味料，轉大火，待湯又沸騰，熄火。
7. 撒上煎炸過的櫻花蝦、芹菜珠和青蒜絲或芫荽，整鍋或盛入麵碗中，端上桌。

廚間小語

芋頭先炸過再煮較不易煮糊，懶得自己炸，可買現成的火鍋用炸芋頭。

傳統味的芋頭米粉加油蔥酥，但我不是特別愛油蔥，改成蔥段。喜歡油蔥的，可以在步驟 4 米粉下鍋時，一併加進鍋中。

剝皮辣椒蒸魚

想吃一整條魚，卻又懶得在爐前慢慢乾煎，或先半煎半炸再紅燒，這時就蒸魚吧。

廣式蒸魚先大火蒸，盛起後淋魚露和生抽等調和的豉油汁，撒蔥薑絲，最後淋上燒熱的油。台式呢，不是加破布子、蔭冬瓜或蔭豉等醃漬發酵食品，連同薑蔥一起蒸。

老是用這幾種方法蒸魚，毫無新意，自己都覺得該換換口味了。於是偷師湖南菜剁椒魚頭的部分做法，將剝皮辣椒切碎後加薑、蒜、紅辣椒，大火蒸熟後，淋上熱花椒油，在油澆上去的那一刻，香氣四溢，讓我忍不住自我感覺良好地自誇「好有創意」啊。

這道菜非常下飯，尤其蒸魚汁，倘若有剩，可別倒掉，拿來拌飯拌麵，特別開胃。

材—料

鮮魚1條450至500公克
薑3至4片
剝皮辣椒3至4條
紅辣椒1至2根
薑末1湯匙
蒜末2瓣
蔥2根
蔥花少許

調—味—料

鹽適量
剝皮辣椒汁1湯匙
蔭油清半湯匙
米酒1湯匙
花椒油少許

做—法

1 從魚背上開一刀，劃開魚肉，並在魚身上切幾刀，如此蒸魚時熱能更易穿透。

2 在魚的兩面和魚腹中抹少許鹽，腹中塞入薑片。

3 2根蔥合在一起，打個結成1綑，置於蒸盤，再放上魚，讓魚和盤底之間有空隙，讓朝下的那一面更易於受熱。

4 剝皮辣椒和紅辣椒皆切末，連同薑末和蒜末置碗中，混勻，鋪在魚身，淋上除了花椒油以外的調味料。

5 魚入蒸鍋或蒸籠，大火蒸8至10分鐘，取出，夾除魚腹中的薑片，撒蔥花，淋熱花椒油約1湯匙，端上桌。

一起來 tapas 吧

對熱愛美食的人而言，到西班牙旅遊的一大「亮點」，應是 tapas 。我數度赴西班牙居遊，逛 tapas bar 就是絕不願割捨的樂趣。

自北而南，從巴塞隆納、馬德里至格納那達，西班牙的大都會小城市都不乏 tapas 酒館，不論其規模大小，通常一進門便可看到吧台上陳列了大盤大碗的各色小菜，這些小菜就叫做 tapas。

有關這個詞彙的起源，說法有很多種，有一說最為人知—— tapas 源自南部的安達魯西亞，當地天氣炎熱，酒吧端當地盛產的雪莉酒（sherry wine）給客人時，因為此酒的酒精含量較高又帶甜味，易招來果蠅，掌櫃就順手在酒杯蓋一片麵包或火腿、香腸，防止蟲子掉進酒裡。

tapa 這個字在西語中意即「蓋子」，久而久之，這種送給客人防蠅兼下酒的各式小食，就叫 tapas 了。如今的小菜可不像從前那樣，就只有麵包、香腸，各種花樣可多了，當然也就沒法再免費附送，至少大多數都市酒館已不來這一套。

對遊客來說，比起上餐廳正襟危坐吃一餐，到 tapas bar 小食一番，或許更愜意自在，最好效法西班牙人，不緊盯一家，而去個兩三家，bar hopping 一番。也就是說，每家各喝一杯飲料，吃兩三樣小菜，吃完一家再換一家，因為每家酒館的拿手小菜不一樣，進門後不妨觀察一下別人的盤上有什麼，再不然，一盤盤小菜就擺在檯子上，一目瞭然，你只管挑選看來順眼的，就算搞不清楚那玩意叫什麼名字，只需要伸手一指，就能吃到自己中意的食物。

還有一種巴斯克風格的餐酒館，也叫做 pintxos bar。兩種小酒館都供人喝點小酒、吃點小菜，外來遊客委實難以區分箇中差異，若想弄明白，有個辦法很簡單：走進一家小館，看到櫃台上陳列著一盤盤麵包片，上頭放置各種菜，還叉了根牙籤，另外還有些魚呀肉呀或乳酪什麼的小點心，也用竹籤或木籤串起來，那你肯定進了巴斯克式的小酒館。

酷暑三伏日，進得小酒館，不妨學當地人，先來杯冰涼的啤酒再說，你跟吧檯的掌櫃說 beer 這個英文字，人家固然聽得懂，要是能用半生不熟的西語說聲「una caña, por favor（請給我一杯生啤酒）」，可就更顯誠意了。

不愛喝啤酒，點杯 cava 吧。這是種汽泡白葡萄酒，釀法一如香檳，只是產地不在法國的香檳區，而在離巴塞隆納不遠的 Villafranca del Penedès 周邊一帶，故而不叫 champagne。

假如你帶有汽泡的飲料都不喜歡，那麼飲些紅酒、白酒或雪莉酒也成。不愛喝酒或需要駕車者，就來杯汽水、果汁或礦泉水，但不好連杯水都不點。在歐洲大多數餐館和咖啡店，一人點一杯飲料，是基本的禮貌。

至於下酒小菜，伊比利風乾火腿和辣香腸之類的熟成肉品，還有地方風味的各式乳酪，幾乎家家都有，常見的小菜尚有醃鯷魚、漬橄欖或甜椒、蒜味蝦、炸海烏賊等等。

在各式各樣tapas小菜中，油炸青辣椒（Pimientos de Padróns）是我百吃不厭的一道，做法說來不難，就是用橄欖油煎炸一種綠色小辣椒。此菜源於加利西亞，但早已風靡全西班牙，走到哪都吃得到。

一場撲天蓋地而來的疫情，讓人不敢也不能搭機跨境旅行。於是我在家中，用本土生產的糯米椒，煎了一盤tapas風味小菜，開了一罐沙丁魚和一小瓶西班牙黑橄欖，又斟上一杯來自Rueda的Verdejo白酒。吃著喝著，聽著佛朗明哥吉他音樂，假裝自己在西班牙，期待著又能夠自在旅行的日子，快一點回來。

Gaudí Picasso Miró...
...Pero lo primero la calle de ¡Quimet y Quimet!
Quimet & Quimet
BAR-BODEGA
BARCELONA - CASA FUNDADA EL 1914
Costers del Segre 6'50 €

西班牙風煎炸糯米椒

西班牙原版做法所用的食材 Pimientos de Padróns，是一種短短胖胖的青色小辣椒，有些微辣味，此菜源自於西班牙北部加利西亞小城 Padróns，但是如今全國各地都吃得到，是熱門的 tapas 菜色。

台灣不種也買不到這種小辣椒，於是我改用細長無辣味、又稱小青龍的糯米椒。此椒產期長，價格也廉宜，實在是很好的替代品。

西班牙人用橄欖油煎炸小辣椒，我除了橄欖油外，還試過玄米油和葡萄籽油，若不去管什麼養生健康，純就味道而言，最喜歡的是橄欖油。不過，這恐怕也是因為，我本來就喜歡橄欖油的青草香吧。

做—法

1 糯米椒洗淨，拭乾水分，需擦得很乾。

2 燒熱鍋子，加進約2公分高的油，待油冒煙後，下糯米椒，用中火半煎半炸，不時用鍋鏟翻動一下，如果油濺得厲害，可蓋上鍋蓋或網狀的防濺盤，炸至到椒皮開始起皺，部分表面逐漸變褐黃。

3 撈出置廚房紙巾上瀝油，撒上海鹽或鹽之花，立刻端上桌，趁熱吃。

材—料

糯米椒 250 公克

調—味—料

海鹽、冷壓初榨橄欖油適量

NJAMIN

簡單西班牙海鮮飯

常常是為了清冰箱，而做 paella。

我家人口少，去主婦聯盟合作社、有機商店或超市買菜，因為食材都是事先包裝好，非零賣，一頓飯真用不完，經常有剩餘。可是，蝦子只有五六尾，翅腿餘四根，番茄剩一顆，而甜椒只有半個，可以拿來做什麼呢？

看來看去，還是最適合做西班牙鍋飯，我只要到一條街外的超市，買一包蛤蜊就好。

Paella 原指是用來烹調的器具，如今早已泛指用這種雙把手平底鍋做的米食，一般常譯成西班牙海鮮燉飯，然而這譯名並不理想，因為 paella 不只海鮮一種口味，可以僅採用蔬菜和肉，沒有海鮮，也可以海鮮加上肉。

再說，其烹法並非燉，而是煮加烤。我以為，稱之為烤飯或直接叫它鍋飯，更能顯示出這道西班牙菜的特色。

材—料

雞翅腿 4 支
甜椒 1 個
番茄 1 大顆
冷凍青豆半杯
西班牙辣香腸 40 公克
洋蔥末半顆
蒜末 1 至 2 瓣
乾辣椒片 1 茶匙
西班牙米或義大利燉飯米 150 公克
熱高湯或熱水 500 毫升
白蝦或草蝦 6 至 8 尾
吐過沙的蛤蜊 200 公克
歐芹末適量
檸檬角 2 塊

調—味—料

不甜的白葡萄酒 2 湯匙
番紅花 1 小撮
煙燻紅椒粉或匈牙利紅椒粉半茶匙
鹽、黑胡椒適量

做—法

1 雞翅腿抹鹽調味，甜椒切丁。番茄劃十字紋，用滾水燙過，剝皮去籽切丁。
2 白葡萄酒置小碗中，加番紅花絲浸泡。米略洗，加水浸泡。冷凍青豆用溫熱水浸泡，瀝乾。
3 平底鍋中加少許油，開中火，加進西班牙辣香腸片或丁稍煎，待香腸出油但未焦時取出。利用餘油將雞翅腿煎至兩面焦黃，取出。
4 加一點點油，小火炒洋蔥末，待洋蔥變透明時，下蒜末和紅椒粉和乾辣椒片略炒。
5 米下鍋，開中大火，炒至邊緣透明，加進甜椒丁和番茄丁，淋酒拌炒。
6 等酒蒸發後，在米上面鋪辣香腸和雞翅腿，加進熱高湯，煮沸後轉小火。
7 鍋中水分快收乾時，將整鍋飯放進已預熱至攝氏180度的烤箱，烤8至10分鐘。
8 取出鍋飯，鋪上青豆、蝦和蛤蜊，均勻撒上少許鹽和黑胡椒，進烤箱再烤10分鐘，至蝦子熟、蛤蜊開殼。
9 移出鍋飯，撒上歐芹末，喜歡的話，也可以再淋少許冷壓初榨橄欖油。附上檸檬角，連鍋一起端上桌。

十月

October

來一盤義大利麵

工作忙碌時或晚餐不知該做什麼的時候，我就做pasta——義大利麵。往往看家中有什麼材料搭配得起來，就用什麼。倘若貼在臉書上，必定會聲明，此乃「不道地」義大利麵。我可不願貽笑大方，更不想我的義大利老友或精通義大利烹飪的台灣友人來「踢館」。要知道，義大利人對義大利麵食的正統性非常在意，可看不慣外國人瞎搞惡整。

這讓我想起有關義大利麵源流的一種說法：十三世紀時，威尼斯商人馬可波羅在遊歷中國後，將麵條帶回義大利，因此義大利麵的老祖宗實為華夏民族。此說頗令不少炎黃子孫津津樂道，卻並非事實。

據考證，早在公元前四世紀，義大利先民伊特拉斯坎人（Etruscans）即已將穀物磨粉，加水調製成麵食，也就是說，義大利半島居民吃麵的歷史，不見得短於華人。考古文獻還顯示，麵條於公元前一千年左右便已出現在中亞一帶。

這麼看來，史上第一位吃麵的人，並不活在義大利半島。不過，義大利人倒是真的將麵食文化發揚光大。不講配料，單就麵體而言，就有上百種花樣，依pasta的形狀、大小、厚薄、寬窄和材料來區分命名。台灣人最熟悉的，應是直圓的spaghetti。

較為世人所知的義大利麵，還有細長似麵線的capelli d'angelo，直譯為「天使之髮」，以及扁長如鹽水意麵的「扁舌麵」（linguine）。另外就是麵粉加蛋揉製後切寬條的寬蛋麵，南義人稱之為fettuccine，北義人則叫它tagliatelle。

長方形的麵皮層層疊疊，夾著肉醬、海鮮或蔬菜烤成的，叫做lasagne，台灣稱之為「義大利千層麵」。圓筒狀包餡，捲起來像春捲又似廣式腸粉的，名為cannelloni；兩片重疊夾餡的方形（或圓形）餃子，義大利人管它叫ravioli；而一個個小小胖胖、形如餛飩或雲吞的，則是tortellini。

其他較常見的麵，經常都以形而命名，好比說，筆管、蝴蝶結、螺絲、貝殼、車輪或米粒等等，義大利人一聽就明白，義文似通不通的外國人，則非得強記不可。

在各式各樣義大利麵食當中，我特別愛吃北義口味的馬鈴薯麵疙瘩（gnocchi di patate）。這是種用馬鈴薯泥、麵粉和雞蛋揉製而成的小麵糰，通常像大拇指第一指節那麼大，質地綿密、軟而不爛，有點ＱＱ的。生的馬鈴薯麵疙瘩放久會脫水變乾，而煮了以後不立即食用，不多久又會泛水，濕答答的難以下嚥，因此義大利人講究現做現煮現吃，需有充足時間才能好好地做。如今超市偶見冷藏貨，當然沒有自製的那麼好，但是忙碌的都會人口沒那麼多時間「自做自受」，偶爾饞著想吃，就煮現成的麵疙瘩，也算聊勝於無。

摻了墨魚墨汁而製成的黑麵條，也因其色特殊而深得我心，這種麵條以往在台灣並不普遍，如今規模較大的超市都有，通常是一綑綑裝在玻璃紙袋裡，拆開包裝取出，有一點像一綑電線；有一回送了一大包給朋友，真的被她母親當成備用電線，收進工具櫥。

乾硬如電線的黑麵條煮了以後，翻身一變為佳餚，麥香中隱隱帶著海味。我尤其喜愛用蝦仁、干貝、花枝或透抽等海鮮當配料，一碟油亮光潤的麵條臥在潔白的瓷盤上，麵條中間點綴著粉紅色或白色的海鮮，上頭再撒些碧綠的義大利香芹，其色澤配置好不誘人，彷彿每根黑色的麵條都在向我招手，催促著我快吃快吃。我有位朋友卻說了，這盤黑不溜丟的麵，活像是給來錯星球的外星怪客吃的。

源自南義普利亞的orecchiette（耳朵麵），是我最晚認識，卻也是近年甚愛吃也常做的義大利麵食。此麵食義文原指稱「小耳朵」，模樣肖似山西麵點「貓耳朵」，最大的區別在於，義式耳朵麵是用硬粒杜蘭小麥粉加水揉製，中式貓耳朵的原料則為普通小麥，前者因之更有嚼勁。

最常拿來搭配義式耳朵麵的，是青花菜和一種義文為 cime di rapa 的冬季蔬菜，後者和前者一樣，也是十字花科，模樣像青花筍或芥藍菜花，味道略似芥藍菜，帶有一絲苦味。最家常的做法，是用橄欖油煎香蒜頭和辣椒，加一點油漬鹹鯷魚提味，再拌合燙過的菜和煮至彈牙的耳朵麵就好。無肉不歡者，把食譜中的鯷魚拿掉，代之以義式豬肉腸，淋一點白酒，整間廚房香氣撲鼻。

全世界最出名的義大利麵，應是在台灣隨處可見的番茄肉醬麵。一般號稱波隆那肉醬，然而除了醬料中都有肉末和番茄以外，台式和正宗的波隆那肉醬麵，卻是從麵條到味道都不同，比方，台灣人愛用圓直麵，波隆那人偏愛用新鮮蛋麵。

總之，道地的波隆那肉醬麵和台版的差距，一如波隆那與台北的地理距離，是那麼遙遠。

芥藍肉末
義大利耳朵麵

道地南義普利亞的做法，用的自然不是芥藍菜，但既然台灣買不到 cime di rapa，索性改用本土種植的芥藍，樣子和味道都有一點像。另外，羽衣甘藍亦適合，只是羽衣甘藍梗太硬，只用菜葉，口感才好。

在南義吃這道麵食，最後撒在上頭，並不是本地吃家也熟悉的乾酪，而是加橄欖油炒過或烤過的麵包粉，後者據說有「窮人的帕米桑乳酪」（poor man's Parmesan）之稱，因為賣相肖似，價錢卻廉宜多了。

材—料

豬絞肉 150 公克
乾燥義大利綜合香料 1 茶匙
蒜末 2 瓣
芥藍菜 1 把
義大利耳朵麵 150 公克
辣椒片或乾辣椒片少許（可省）
帕米桑乾酪屑適量
冷壓初榨橄欖油少許

調—味—料

鹽適量

做—法

1 豬絞肉拌上義大利綜合香料、蒜末、鹽和冷壓初榨橄欖油，攪勻，蓋上，冷藏2小時。

2 芥藍菜整枝用滾水汆燙，撈出，放涼後大致切碎。

3 用加了鹽的滾水煮耳朵麵。炒鍋或平底鍋中加進油，吃辣的話，可加辣椒，略煎。加進絞肉，不必炒得很散，可以炒成一小塊一小塊，但務必炒至金黃。

4 加進前面準備好的芥藍菜，拌炒，加進煮至彈牙的耳朵麵和一點煮麵水，拌勻，看情況決定是否多淋一點初榨橄欖油，最後撒上乾酪屑或炒過的橄欖油麵包屑。

自製乾辣椒

我真的不懂，為什麼那麼難買到整條完整的乾辣椒？我每次動念想做宮保雞丁、醋溜高麗菜或白菜等須有乾辣椒的菜色，去超市搜尋，往往都只看見乾辣粉或乾辣椒片，只好趕去傳統市場的雜貨店購買。

有一回去主婦聯盟消費合作社買菜，看見紅辣椒一大包不到五十元，很心動。可是，我家一餐飯頂多能用掉三、四根，剩下的怎麼辦。就在這時，我突然變聰明了，心想我家的大烤箱既然可以用來低溫烘烤半乾小番茄，為何不能烤乾辣椒呢。

一實驗，果然可以。做法如下：

烤盤墊上一大張鋁箔紙或料理紙，紅辣椒洗淨，儘量抹乾水分，分散鋪在烤盤上，辣椒不可重疊，之間須有空隙。進烤箱，將溫度設定在攝氏75度，時間設定兩小時，鈴聲一響，取出辣椒，捏捏看，這時應該是軟軟的。送回烤箱，再烤一小時至一小時半，再取出，如果捏起來脆又乾，乾辣椒便已烘好，若還是有一點點軟，送回烤箱再烤至又全乾就好。待涼後，收進乾淨的容器或夾鍊袋，冷藏保存。

醋溜高麗菜

材料

高麗菜 300 公克
乾辣椒 3 至 5 根
大紅袍花椒 2 茶匙
蒜末 2 瓣

調味料

豆瓣醬半湯匙
糖半茶匙
紹興酒適量
米醋或江西陳醋 2 至 3 茶匙
香油少許

做法

1 剝下的高麗菜葉洗淨，以倒V形切法切掉菜芯，其他部分切或撕成易入口的大小。乾辣椒切段。

2 炒鍋中加進1湯匙半到2湯匙油，油要略多，中火至五六分熱，也就是微微冒煙時，下花椒，煎香後可撈出花椒，也可皆留在鍋內。

3 加蒜末和乾辣椒炒香後，加進豆瓣醬。

4 轉大火立刻下高麗菜和糖，炒勻後熗酒。

5 起鍋前淋醋和香油，拌勻即可。

廚間小語

同法可燒「醋溜大白菜」，不要菜葉，僅取菜幫（即莖）部分切片，甜酸香辣，開胃又下飯。

蝦仁奶油番紅花燉飯

在本地的義式餐廳吃飯，我會注意一件事：端上桌的海鮮燉飯或義大利麵，有沒有撒上義大利帕米桑乳酪。倘若有，且這家餐館號稱有道地的義大利風味，那麼我是不會再來了。

話說有一回，我和丈夫又至威尼斯，在一家我們都喜歡的小館用午餐時，聽見掌櫃以帶著濃濃口音的英語，對鄰桌四位美國客人客氣但堅定地說：「先生女士，你們要添多少麵包，都沒有問題，但是乳酪我可是不會給的，各位點的是角蝦麵，要吃的是海鮮的細膩滋味，這乳酪一加，蝦味都被掩沒，可不成。海鮮加帕米桑，那是美國做法，義大利不這麼做的。」

「說得有理。」我在心中暗暗叫好，就這樣在威尼斯「旁聽」了關乎義大利美食風味學的一課，至今受益匪淺。

而那一臉落腮鬍的掌櫃呢，他說完，對鄰桌欠欠身，回櫃台的路上，經過我們這一桌時，口中猶念念有詞，輕聲嘟囔著幾句義語：「乳酪加角蝦！美國人啊，幹麼不去吃麥當勞算了。」

材—料

白蝦仁 200 公克
魚骨或蝦高湯 4 杯
洋蔥丁半顆
蒜末 1 瓣
義大利 carnaroli 米（或 arborio 米）
1 量米杯
芝麻菜或歐芹少許
橄欖油 1 湯匙

調—味—料

番紅花絲 1 小撮
不甜的白葡萄酒 4 湯匙
牛油（butter）或鮮奶油（cream）適量
鹽和黑胡椒適量

廚間小語

燉飯也可用台灣本土有機蓬萊米，效果非最好，但也差強人意。請注意，不論是用義大利米或台灣米，皆不可洗米，需保留米粒上的粉質，燉飯湯汁才會濃稠。

做—法

1 蝦仁略沖洗，用牙籤挑出腸泥，用紙巾拭乾。

2 加熱高湯，沸騰前呈微滾狀態時，加進蝦仁，立刻熄火，蓋上鍋蓋焖2分鐘，撈出蝦仁，置碗中，蓋上鋁箔紙保溫。

3 白酒和番紅花絲加進小碗中，混合。

4 重新加熱高湯，讓它保持微滾狀態。

5 另一口鍋中倒入橄欖油，加洋蔥丁小火炒香後，下蒜末炒香。

6 米下鍋，火力轉至中小火，用木鏟炒至米粒皆裹上油，邊緣變透明，但米心仍白，淋入番紅花和白酒，拌炒至酒汁快收乾時，加入1杓熱高湯，攪拌。

7 當鍋中湯汁大半被吸收但未乾時，再加進1杓湯，攪拌，約2至3分鐘後，看到湯汁漸乾（但不可全乾）時，再加1杓湯，攪拌，直到高湯用盡，全程大約25分鐘。如果高湯快用光了，而米粒還太生，可酌加熱開水。

8 蝦仁回鍋，將牛油丁或鮮奶油攪入鍋中，熄火，加鹽和黑胡椒調味，盛至深盤中，加芝麻菜或歐芹即可。

普羅旺斯風橄欖燉肉

定居荷蘭時，和丈夫數度至普羅旺斯居遊，在街坊的家常小館，常可吃到加了紅酒、番茄和黑橄欖一起燉的牛肉，名為 daube de boeuf a la provencale，直譯為普羅旺斯式陶罐燉牛肉。菜名中的 daube，來自 daubière，這是一種陶罐，這道菜的傳統做法就是將肉和蔬菜同置於罐中燜烤。

我回家以後，嘗試烹煮此菜。家裡並沒有普羅旺斯傳統陶罐或陶鍋，就改用我認為最適合做燉煮菜色的鑄鐵鍋。主要食材呢，有時學普羅旺斯人燉牛肉，有時用雞肉、羊肉或豬肉，加上我也沒按照原版做法，並未添加西芹和胡蘿蔔，做的可說是簡化的版本。為了正本清源，還是別稱之為「普羅旺斯菜」，說它帶有一點「普羅旺斯風」就好。

材—料

豬梅花肉600公克

蒜末2至3瓣

洋蔥片半顆

月桂葉1片

番茄罐頭1罐

（或新鮮牛番茄約800公克）

黑橄欖約半杯

羅勒或九層塔少許

調—味—料

紅或白葡萄酒約60毫升

鹽、黑胡椒適量

特—殊—工—具

鑄鐵鍋

做—法

1 豬肉切塊，鑄鐵鍋燒熱後，加一點橄欖油，肉塊下鍋煎黃。如果太多，需分兩次煎。

2 加進蒜末、洋蔥、月桂葉，略翻炒，至洋蔥變軟，淋酒，煮至汁快收乾。

3 罐頭番茄用小刀攪碎，倒進鍋中，加進切對半的橄欖，煮開後轉小火，燉45至50分鐘，每隔十幾分鐘攪拌一下，燉至肉爛。嘗嘗味道，決定加多少鹽和胡椒。

4 起鍋前撒上羅勒或九層塔，配米飯、北非庫斯庫斯（粒狀小麥粉）、拌義大利麵或佐麵包，甚至薯條都好。

十一月

November

台灣在入秋以後，芹菜和蘿蔔和等不耐高溫的蔬菜開始當令。上超市或菜場買菜，準備煮蘿蔔排骨湯，順手必定帶上一把芹菜，喝煮蘿蔔排骨湯怎可不撒芹菜珠呢。一把芹菜只會用掉一兩根，剩下的過一兩天可以拿來炒豆乾、花枝或肉絲。

有一天，我打開冰箱，發現蔬果櫃中還躺著僅存的一小把，用來給湯添味，嫌多，拿來炒豆乾，又太少。看見還有半顆紅甜椒和木耳幾朵，靈機一動，將零星食材大利用，配上也是「剩餘物資」的豆乾與肉絲，再打兩個蛋，煎了一張蛋皮，做成了這道五彩繽紛又爽口的炒五絲戴帽。

靈感來自中國北方名菜「合菜戴帽」，也就是「炒合菜」蓋上一層蛋皮。清明節時台灣人會吃潤餅，中國華北的食俗則講究立春吃薄餅包合菜戴帽，食材有韭黃、筍絲、香菇、胡蘿蔔、菠菜等，以春蔬為主。用芹菜、紅甜椒、木耳、豆乾取代，亦有滋有味。

炒五絲戴帽

材—料

肉絲 100 公克
芹菜 1 小把（連葉約 75 公克）
紅甜椒半顆
新鮮木耳 2 至 3 朵
豆乾 3 片
蔥 1 根
雞蛋 2 顆

醃—料

醬油 2 茶匙
太白粉水或番薯粉水少許

調—味—料

鹽、白胡椒適量

做—法

1 肉絲加醃料，醃約15分鐘。芹菜摘除葉子，切4至5公分段，甜椒、木耳和豆乾切絲。蔥切蔥花。
2 雞蛋加一點鹽，打散，用油煎成兩面金黃的蛋皮。
3 鍋燒熱，開中火，加1湯匙油，不必等油冒煙就下肉絲，快速攪散，變色後盛起。
4 同鍋中再加1湯匙油，下蔥花爆香，加進豆乾絲，翻炒幾下後下甜椒和木耳，繼續炒一會兒。
5 轉大火，下芹菜段炒至斷生，但質地仍脆，撒鹽和白胡椒調味，再炒一下即盛起。
6 將前頭煎好的蛋皮蓋在炒五絲上，端上桌，可以拿來包春捲皮或薄餅。

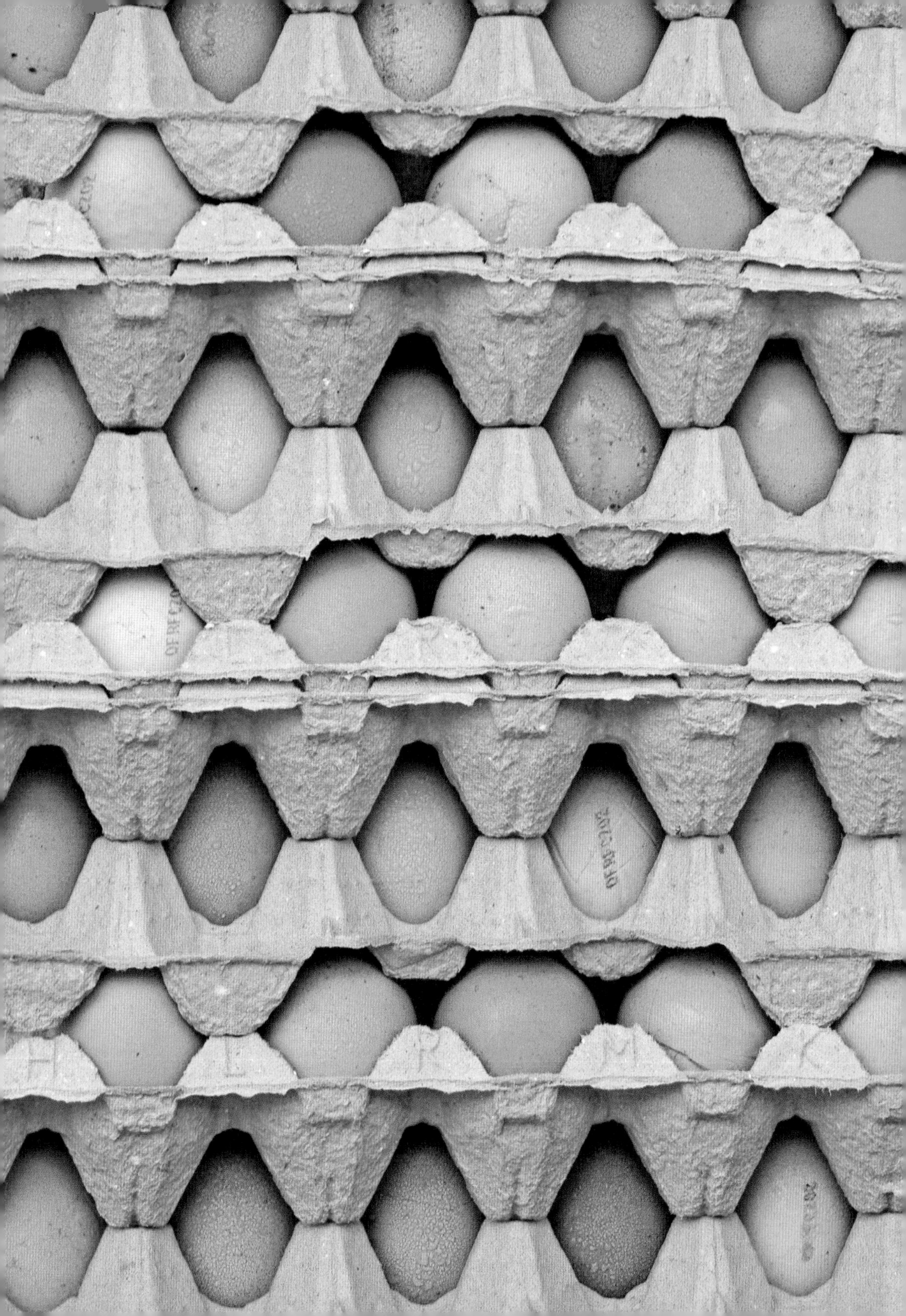

砂鍋醃篤鮮

醃篤鮮是我父系的滋味，父親老家靠近上海，飲食口味相似。他在世時，我們到江浙館子用餐，必定點上一鍋醃篤鮮。那當中的「醃」，是金華火腿或家鄉肉（即鹹豬肉），「鮮」即為生鮮豬肉，「篤」則是滬語，意指慢慢煨煮。其味香濃腴美，宜趁熱食用。

材—料

金華火腿或家鄉肉（鹹豬肉）200克
五花肉250至300克
百頁結（或豆皮結）150克
鮮筍（或熟筍）1支
蔥段2根
薑5至6片
青江菜3至4顆
雞高湯2公升

調—味—料

紹興酒、鹽適量

特—殊—工—具

砂鍋或土鍋

做—法

1 金華火腿（或家鄉肉）淋一點紹興酒，用大火蒸20分後，放涼，切片。

2 五花肉切塊，汆燙後撈出。

3 百頁結也用熱水汆燙，撈起。

4 筍切片。蔥段和薑片同置濾茶袋或香料袋中。青江菜如果太大顆，需縱切為二或四等分。

5 五花肉、火腿、筍和蔥薑袋一同置砂鍋中，注入高湯，加一點酒，煮沸後，蓋上鍋蓋，小火燉約1小時。

6 加進百頁結，再燉約20至25分鐘，撈出蔥薑袋丟掉。

7 加進青江菜，燙熟即可；嘗嘗湯味，決定是否加鹽，連鍋帶湯端上桌。

來一點荷蘭味

和丈夫開始交往後不久，他送我一本英文的傳統荷蘭菜食譜，「這本給妳研究看看，條件是，」他停了半晌，神情半認真半開玩笑，「千萬不要做書裡的任何一道菜給我吃。」

後來翻閱食譜，覺得也還好呀，大多數菜色並不會叫人難以下嚥，就說洋蔥香料燉牛肉吧，加了丁香和月桂葉，連同許多洋蔥，燉到肉爛，想來並不難吃。此菜的荷文名稱為Hachée，詞彙借自法文，原義為「剁碎」或「絞碎」。古早時代是用上一頓沒吃完的肉，剁碎加上手邊有的蔬菜，重新烹煮而成，算是「打發剩菜」。較特別的是，當中加了原產於印尼的丁香，反映出荷蘭曾殖民統治印尼三百年的史實。

不過，我看完整本食譜書，也不能不承認，從菜色看來，荷蘭人的確較不講究口腹之欲。那是因為從16世紀以來直到晚近，荷蘭人受到清教徒思想影響，不追求現世的歡愉，而重視死後「永遠的福樂」（eternal pleasures）。荷蘭人自己也承認，有別於推崇「高級烹飪」（haute cuisine）的法國人，荷蘭人「不為吃而活，而為活而吃」。

簡單講，荷蘭人——尤其是老派人士——不把吃這件事當成人生享受，吃飯但求營養充足，能填飽肚子就好。荷蘭菜基本上是「農民菜」，樸素厚實卻不細緻。

傳統荷蘭菜有三大要件，就是「肉、蔬菜、馬鈴薯」，荷蘭的家常菜往往以這三大材料構成，菜的做法簡單，調味也不複雜。肉或煎或烤或燉，市面上較常見的肉類有雞、牛、豬、羊等。至於魚和海鮮，歸在「肉」的範疇，老一輩的天主教徒承襲古風，仍有每逢周五守小齋，吃魚不食肉的習慣，新教徒和其他人則不受限制。

荷蘭人愛吃鯡魚、鰻魚，還有少刺的鱈魚、鰈魚、鮭魚以及有健康脂肪的青花魚，一般做法有生吃、煙燻，或裹麵糊油炸，再不就溫煮，食時淋上奶油醬汁。肉、魚和乳酪共同構成荷蘭人主要的動物性蛋白質來源。

提供維生素的蔬菜一般拌成沙拉吃，或水煮加鹽和油調味，最常見的蔬菜包括萵苣生菜、四季豆、胡蘿蔔、洋蔥、高麗菜、菠菜等。除了沙拉生菜外，管它哪種蔬菜，荷蘭人就喜歡把菜煮到熟爛，我這個台灣人愛吃現炒青菜，常覺得這根本是暴殄天物。

荷蘭最重要的澱粉類主食是馬鈴薯，馬鈴薯之於荷蘭人，就像米飯之於台灣人。荷蘭的馬鈴薯品種繁多，有的較粉，削皮煮熟後，輕輕一戳即散；有的蠟質多，久煮也不會形銷骨毀，一個個保持原狀。隨種類的不同，馬鈴薯烹調的花樣也多，煎烤煮炸，樣樣都來。

一般家庭最常吃煮馬鈴薯，梵谷名畫《食薯者》中的一家人，吃的就是這種清水白煮的馬鈴薯。嫌煮馬鈴薯滋味太單調，可以將之搗碎，拌合牛奶和牛油，我最愛吃的就是這種乳味香濃的薯泥。荷蘭人也很喜歡吃源自比利時的炸薯條，食時不蘸番茄醬，而偏愛淋上濃稠的美奶滋，外國人大概要試過一兩次才會習慣。

荷蘭地屬北溫帶，四季分明，雖說眼下農業科技發達，冬季要吃夏季蔬菜也不是難事，但是在荷蘭，食材的上市仍遵循一定的時序，當令的時鮮不但美味，價錢也比較廉宜，作風實際的荷蘭人當然樂於善加利用，因此直到現代，一般人家的餐桌仍配合四季的更替而變換菜色，呈現順應天時的自然面貌和素樸風味。

v.NELLE
completa
2 kilo
6,50
zonnebloem
olie
7,95
3 liter

hand gemaakte
boeren baby
8,95
euro
+/- 1 kilo
burger de jong ook uw kaasboer
edammer
13,50
euro
burger de jong
ook uw kaasboer
echte milner
licht gerijpt
5,75
euro
500 gram
20+ boeren
5,75
euro
500 gram
burger de jong
ook uw kaasboer
komijnen
20+ pan pan
5,50
euro
500 gram
burger de jong
ook uw kaasboer
geiten kaas
jong belegen
5,50
euro
500 gram
BURGER DE JONG
OOK UW
KAASBOER
burger de jong
ook uw kaasboer
geiten kaas
extra belegen
6,25
euro
500 gram
burger de jong ook uw kaasboer
echte 60%
roombrie
0,98
euro
100 gram
burger de jong
ook uw kaasboer
pecorino
7,50
euro
burger de jong ook uw kaasboer
dana
bleu
1,25
euro
100 gram
burger de jong ook uw kaasboer
castello
bleu
1,50
euro
100 gram
BURGER DE JONG
OOK UW
KAASBOER

ZWARTE PEPER
MOLEN NIET GESCHIKT
VOOR NAVULLEN

荷蘭風味
洋蔥香料燉牛肉

跟編輯開會，討論要在書中放哪些食譜，經提醒，這才發現我較少烹調牛肉。

怎麼會這樣？我明明並不討厭吃牛肉啊。好比說，每回去香港，必食柱侯牛腩；海產熱炒店裡的沙茶牛肉，是我從小喜愛的台灣味；西餐館中煎烤得當的牛排，亦深得吾心。那麼，為什麼少烹牛肉？

想一想，理由應該有兩項：

一是，我生性膽小，難免受到近年來「健康」之說的影響，平日少吃含有較高飽和脂肪和膽固醇的紅肉，而牛肉正是紅肉的一種。

二來則是，基於環保原則，這些年來儘量少煮炊牛肉。根據西方的研究，在所有肉類、蛋類和乳製品中，牛肉是最不環保的動物性蛋白質，養牛所產生的溫室氣體，比豬和雞多四倍，消耗的水多十倍，占用的土地面積更多了二十七倍。哎喲喂呀！

我並不想為了口腹之欲而傷害地球，但是更不願變成僵硬的「環保魔人」，從而決定，想吃想做牛肉時，就吃就做吧。人生短短，只要能夠拿捏住分寸，有意識地活著，不過分就好，對吧？

材料

洋蔥5顆
燉煮用的牛肉600公克
牛油（butter）50公克
鹽和黑胡椒適量
麵粉2湯匙
熱水或熱高湯2杯
紅酒1杯或紅酒醋2湯匙
糖1茶匙
月桂葉2片
丁香4至5粒

做法

1 洋蔥去皮，切大塊。牛肉切成方塊。

2 開中小火，在鍋中融化牛油，加牛肉塊，轉大火煎炒至表面變色，略呈焦黃。

3 洋蔥塊下鍋同炒約2分鐘，撒鹽、黑胡椒和麵粉，再炒2、3分鐘。

4 加進熱高湯或熱水、加醋、糖、月桂葉和丁香，拌一拌。

5 蓋上鍋蓋，轉文火慢慢燉煮，至少2小時，至肉爛，嘗嘗味道，不夠可再加鹽和胡椒，配米飯或馬鈴薯泥都很好。

廚間小語

加紅酒是新派做法，傳統做法加的是紅酒醋，熱水的分量需隨之增加。不論用醋或葡萄酒，都有助於把肉燒得比較軟爛。

葡萄牙風蛤蜊燴豬肉

這是我去葡萄牙旅遊時學到的菜，原名「阿連特茹豬肉」（Porco a Alentejana）。阿連特茹位於葡國中南部，鄰近里斯本，面積遼闊，西側靠海，東臨西班牙，境內有平原，盛產穀物，有「葡萄牙的穀倉」之稱。

有不少葡國菜色以肉和貝類同煮，此菜即是一例，我當時一吃就愛，旅遊途中買了一本附有英譯的食譜書，回台後又上網查資料，在自家廚房複製，並且拿親友當實驗「白老鼠」後發覺，葡萄牙原始做法用的是里肌肉，然而不論是台灣人還是荷蘭人，都嫌里肌肉燉久了太柴，於是改用耐燉的梅花肉，結果大受歡迎，從此定版。

我在查資料時還發現，此菜雖以阿連特茹為名，卻發源於南部海邊，不禁讓我想起中菜中亦有些冠了地名的菜，其實源自他處，好比星洲炒米、海南雞飯。

材料

豬梅花肉600至700公克
牛番茄2至3顆（或罐頭番茄半罐）
洋蔥丁1顆
馬鈴薯250至300公克
吐過沙的蛤蜊300公克
芫荽或歐芹少許

醃料

蒜頭4至5瓣
月桂葉2片
紅甜椒粉半湯匙
辣椒粉或乾辣椒片少許
鹽和黑胡椒少許
不甜的白葡萄酒1杯

調味料

鹽適量

做法

1 豬肉切方塊，置於容器或密封塑膠袋中，加進醃料，拌勻，置冰箱冷藏4小時以上，隔夜亦可。

2 番茄入沸水汆燙半分鐘，以便去皮去籽，切小塊。自醃汁中撈出豬肉，汁勿倒掉，取汁中1瓣蒜頭，切片，其他蒜頭和月桂葉可丟棄。

3 燉鍋燒熱加進油，肉煎黃後取出，轉小火，加一點點油，炒洋蔥和蒜片，至傳出香味。

4 加進番茄，略拌炒後，把留用的醃汁倒回鍋中，煮開，加豬肉，轉小火，蓋上鍋蓋，燉至肉爛，約半小時。

5 馬鈴薯削皮切小塊，拌上2湯匙橄欖油和少許鹽，進200度烤箱烤約25分鐘，中途翻拌兩次，讓薯塊受熱均勻；也

可先放滾水煮7至8分鐘後，瀝乾水分，用油煎黃。

6 把吐過沙的蛤蜊加進鍋中，加蓋，中火煮數分鐘，至蛤蜊開殼，嘗味道調整鹹淡，不夠鹹則加鹽，但一般應該不需要。

7 把烤好或煎好的馬鈴薯置大碗中墊底，盛進肉和蛤蜊，撒上芫荽或歐芹。佐米飯和麵包皆美味。

廚間小語

第一次吃到這道菜時，對葡萄牙人把煎得酥脆的薯塊鋪在燉菜的底下不太能接受，但當地人就是喜歡這種吸飽了湯汁的濕潤薯塊，對台灣人來說多少有點吃不慣，但是嘗試幾次之後，倒也有別樣滋味。如果嫌鋪底的薯塊另外煎炸麻煩，想偷懶一下，買冷凍薯條，用烤箱或氣炸鍋烤熟也行。

十二月

December

這幾年過春節，年夜飯都由我掌廚，要做五至七人的團圓晚餐。

一個人要獨力完成一大桌子菜，那得有多累，因此我只有部分的菜色是由零開始，從頭做起，其他的不是訂現成的年菜，就是買半成品回家再簡單加料加工。

開頭兩年，是跟一家名店訂臘腸、臘肉，後來發覺離我家走路不過五六分鐘有一家小吃店，門面毫不起眼，湖南臘肉和湘味小菜卻都做得可口。從此過年必備的臘腸臘肉，全都跟開店的湖南大姊訂講。

這位大姊嫁來台灣很多年，為配合台灣胃口，做的菜已不像湖南本地那麼重口味，但是只要特別吩咐，還是能吃到較道地的湘味。

菜單上有好幾樣菜色，別處較少見，都是湖南家常口味，而非「館子菜」，好比說，蒜苗炒臘味合就有別於一般的蒜苗臘肉，還加了豆乾、臘腸，我的蒜苗臘肉做法大致脫胎於這家名為「口口香」的小吃店，只是少了臘腸。

蒜苗炒臘肉豆乾

材—料

豆乾5至6片
蒜苗2至3根
辣椒1至2根
臘肉1條

調—味—料

鹽適量
米酒或紹興酒1瓶蓋

做—法

1 豆乾切片，蒜苗切斜段，蒜白和蒜青分開。辣椒切斜片。

2 臘肉用滾水煮3至5分鐘，撈出，放涼後切薄片。

3 炒鍋中加約1湯匙油，豆乾片下鍋，中大火煸香，盛起。

4 臘肉下鍋，炒至出油後，盛起。

5 利用鍋中的餘油，將蒜白和辣椒炒香，加進臘肉片、豆乾和蒜青，略翻炒，加鹽調味，從鍋邊熗酒，炒勻，起鍋。

麻油赤肉荷包蛋麵線

冬至進補是華人的食俗，然而說實話，大多數有滋補功效的藥膳，什麼人參雞湯、當歸鴨和十全大補湯，我都不愛。只有麻油雞、麻油腰花這些用黑麻油炒煮的菜色和湯品，還有溫補的四神湯，算是例外。

天寒時，有時突然會饞嘴，好想喝碗熱騰騰的麻油湯，然而天氣冷得讓人不想出門覓食，這時我往往就簡單地做一碗麻油蛋湯，要是家中恰好有腰內肉，就切幾片赤肉一同煮，另外下一小把麵線，一碗有肉有蛋的冬令補品就大功告成了。

相信我，這一碗麻油赤肉荷包蛋麵線一下肚，保你整個人從頭到腳、由裡到外都會熱呼呼，感覺自己身心俱滿足。

材—料

小里肌肉（腰內肉）200 公克

連皮老薑 1 塊（約5至6公分）

枸杞 1 湯匙

雞蛋 2 顆

米酒 1 杯

手工麵線 1 束（約110公克）

黑麻油 5 至 6 大匙

醃—料

鹽、米酒、番薯粉各適量

調—味—料

鹽適量

醬油膏或蠔油 1 至 2 茶匙（可省略）

做—法

1 豬肉逆紋切片薄片，加醃料醃約15分鐘。薑切薄片。枸杞用1湯匙米酒或冷開水泡軟。

2 炒鍋開中火，先用1湯匙麻油煎荷包蛋，撒少許鹽，煎至蛋白邊緣已凝固而接近蛋黃的蛋白仍可流動時，折疊起來，讓煎蛋形如半月，似荷包；不折，則等蛋的邊緣金黃時，小心翻面，煎至兩面皆黃。盛起。

3 轉小火，下薑片，慢慢煸香。待薑香味傳出，轉中大火，加進肉片拌炒，肉變白時，加米酒，煮2分鐘讓酒精揮發。

4 倒入熱開水3杯，待湯再沸騰時，加進醬油膏或蠔油，讓湯上色，也能令湯汁更甘甜，不加亦可。

5 轉中小火，嘗嘗味道，決定加多少鹽，由於麵線中已含鹽，湯的鹹度需比平時煮湯稍淡一點。加進枸杞，續煮。

6 麵線用一盆清水稍搓洗，以去掉上面的澱粉，撈出，放進沸騰的煮麵水中，煮約50秒後，看麵線浮起即撈出，置碗中。

7 每碗麵上擺一顆煎蛋，額外淋一點黑麻油，將麻油肉片湯沖進碗中，開動。

父親的菠菜、外婆的波稜菜

周末逛市場，一眼瞧見專賣小農農產的菜攤上，整齊地擺放著菠菜，葉片翠綠肥厚，葉柄細嫩挺拔，挑了一大把，夠炒上一大盤猶有餘，才五十元不到，還是有機的。

台灣的菠菜產季從十月到次年四月，冬、春尤其「著時」，因當令而盛產，當然物美價廉。

從而想起剛從歐洲搬回台北那個夏季，有一天饞著想吃在荷蘭時夏夜常做的松子肉荳蔻菠菜，就買了一把，竟然要一百元，貴得讓人嚇一跳。

菜販解釋說，熱天菠菜產量少，攤上這些可是在山上種的，所以高價。

想想也對，亞熱帶的夏季並不像北溫帶地區那麼涼爽，而菠菜原產古波斯，性喜寒涼氣候，畏懼如火驕陽，農夫想要違反季節培育青蔬，得花多少人力（還有化肥和農藥），我還是等天涼了以後再吃就好。活在人世間，犯不著為了口腹之欲而逆反天時。

台灣的十二月，說是冬季，偶爾碰上秋老虎肆虐，出門還得戴太陽眼鏡，可是隔沒兩天，又可能冷鋒過境，加上東北風一吹，身子較弱的人很容易就會著涼，此時不妨多吃點菠菜，菠菜含有抗氧化物，據

說可以增強人體免疫力。我在網上讀到，蔣介石夫人宋美齡注重「養生」，因此每天都吃菠菜。這位一代貴婦活了一百零六歲，如此高壽，菠菜是否為功臣？

祖籍江蘇的父親亦喜食菠菜。我很小就學會菠菜需先用沸水汆燙後，才能下油鍋炒，如此炒熟的菠菜口感滑順，不會澀澀的。及長方知，菠菜的澀味來自草酸，只要用水燙過，部分草酸會流失在水中，菠菜吃來就不那麼澀了。

我家的菠菜多半按照父親老家的做法，不是加煎香的板豆腐同煮，就是炒腐竹或百頁（又稱千張），且絕不加蒜頭，起鍋前還會熗一點紹興酒，增加酒香。

前些年傳言菠菜不能和含鈣的豆腐一起下肚，說是會引起草酸鈣結石，我看了很不安，勸父親不要再將菠菜和豆製品煮在一起，老人家嗤之以鼻，根本懶得理我。後來，有醫界人士出來澄清說，草酸和鈣在腸胃道中形成的草酸鈣結石會自然排泄出人體，食者無庸過慮。我看了馬上告訴父親，他立即回答「我不早就跟你說過沒事的。」嗯，還是老爸爸有智慧。

外婆家也常吃菠菜，台語稱之為「波稜菜」。阿嬤會將菠菜整株連根帶葉下鍋燙熟，用做壽司的竹簾裹起來，略擠乾，切成段，淋自家調的甜醬油，撒柴魚片，品相美而味道鮮。如今想來，這道菜的做法應是受日本料理的影響，阿嬤出生於日治時代，日本人離開殖民地時，她已經講了至少三十年的日語。

阿嬤也炒菠菜，起油鍋後先爆香蒜頭，切段的菠菜並不燙，直接下鍋，調味料除了鹽以外，還有一點糖以中和澀味，最後淋米酒。

長大成人後的我，炒菠菜不拘一法，全看當時心情，狠狠拍兩瓣蒜頭下鍋，最後加米酒，是母系的滋味，不落蒜頭而與百頁同炒並熗紹興酒，則來自於父系；父系也好，母系也好，都是我的一部分，皆不可忘。

偶爾，我會混合兩種做法，先爆香蒜末炒百頁，下燙過的菠菜稍拌勻，最後淋紹興酒，炒成一盤蒜香馨逸、酒香馥郁的家常菜，讓父系與母系的滋味，握手言歡。

至於松子肉荳蔻菠菜，顯然是西方風味，算是大家的味道。

菠菜東西吃

前兩天，我對常去買菜的肉鋪兼雜貨店售貨員說，最喜歡台灣的冬天了。她露出「這位太太真奇怪」的表情，「冬天那麼冷，你怎麼會喜歡？」

嗯，因為我好吃啊。

台灣的冬天，氣溫有點像歐洲的初春，生鮮農產的品項遠比炎夏豐富，各種不耐高溫的十字花科蔬菜和萵苣生菜正當令，欣欣向榮，價格又好，買菜時，較不需花腦筋思考下廚時該如何搭配。

單是一個菠菜，就宜東宜西，做法多變。要拿來配西式煎魚排或豬排，我就炒松子，肉豆蔻一撒下，就洋味十足。中式的花樣更多，炒百頁、加蒜清炒、炒腐乳、燙了以後淋胡麻醬，真的是不勝枚舉。

再說，冬天下廚還有個最大的好處，不會揮汗如雨，廚娘煮夫出了廚房，依然神清氣爽。

菠菜百頁

材—料

菠菜1把（約250至300公克）

百頁（或豆皮）100公克

調—味—料

鹽、糖、紹興酒適量

做—法

1 菠菜洗淨切約5公分段，百頁或豆皮切成粗條。

2 分別用滾水快速汆燙即撈起，瀝去多餘水分。

3 起油鍋，開中火，待油微冒煙時，百頁下鍋炒一會兒，加進菠菜，撒一點鹽和糖快速翻炒均匀。

4 最後從鍋邊倒約1瓶蓋紹興酒，略拌便盛起。

菠菜松子

材—料

生松子1湯匙

菠菜1把（約250至300公克）

冷壓橄欖油適量

調—味—料

鹽、肉荳蔻粉少許

做—法

1 松子乾鍋（不加油）炒至金黃，備用。

2 菠菜洗淨，切段，用滾水快速汆燙即撈起，瀝去多餘水分。

3 鍋中倒入橄欖油，開中小火，蒜末下鍋煎至香味傳出，倒入菠菜，撒鹽和現磨肉荳蔻（或瓶裝的研磨肉荳蔻），炒匀。

4 撒入松子，稍拌炒，盛起。

番茄乳酪焗雞排

羅勒、番茄加上莫札瑞拉乳酪，在義大利烹飪中是經典搭配，也是義大利名菜「卡布里沙拉」（Insalata caprese，又稱三色沙拉）的所有食材。

我住荷蘭時，在義式小館吃到用這三樣材料來焗烤雞胸肉的做法，真是美味。至於是否正宗，算不算道地，這可不好說。

回家立刻仿做，台灣人一般不愛雞胸肉，嫌柴，遂改用咱鄉親更喜歡的雞腿肉，果然比雞胸肉多汁又鮮嫩，從此定版。後來也試過用大里肌豬排肉來做，也不錯。

莫札瑞拉乳酪融化後會「牽絲」，台灣人特別愛，因此如果用的是乳酪絲，務必要鋪上厚厚一層，焗烤後才會有既牽絲又「流漿」的效果。

如此說來，這一道良憶風的番茄乳酪焗雞排，其實滿台的。

材—料

牛番茄 2顆

新鮮莫札瑞拉乳酪 2球

（或現成莫札瑞拉乳酪絲）

橄欖油適量

去骨去皮雞腿肉 4片

羅勒 8片

調—味—料

鹽、黑胡椒、

義大利黑醋適量

（巴沙米可醋）

做—法

1 牛番茄切約1公分厚片，取最大的四片備用，其他的可留用做別的菜或拌沙拉。乳酪橫切成4片或8片。

2 雞肉抹上鹽和黑胡椒。開中大火，用油煎至兩面金黃且七分熟，取出，置烤盤上。

3 每塊肉上加羅勒葉2片，上面放一片番茄，最上面再鋪上乳酪片或乳酪絲。

4 進攝氏200度烤箱烤至乳酪融化且表面焦黃，端上桌，由各人看自己口味淋一點醋。

卷末——廚房手札

台灣農諺有云：「正月蔥，二月韭，三月莧，四月蕹，五月匏，六月瓜，七月筍，八月芋，九芥藍，十芹菜，十一蒜，十二白。」這是透過農曆的月分提點大眾「不旬不食」的道理。因此，我嘗試在書中按月分出菜，只是我用的是國曆，所以一月寫的是大白菜，二月才是「正月蔥」，依此類推。

本書中的食材和調味料，多半購自傳統市場、連鎖超市和主婦聯盟消費合作社。

做台菜，我習慣用紅標米酒，燒江浙菜，較愛用紹興酒，僅僅是一樣調味料的不同，就營造了不同的風味。好比說，熗了米酒的菠菜，嘗來就是台灣味，然而改用紹興酒，立刻有了「外省味」。同樣一道醋溜高麗菜，加的若是烏醋，就像熱炒店吃得到的台菜；熗的若是五印醋或江西陳醋，台味立即讓位給「眷村」味。同理，如果要做地中海味的西菜，請儘量用橄欖油，換了別種油，就嘗不出地中海風味了。如果想要忠實的呈現食譜的風味，請依食譜選購調味料。

書中出現的一些特殊食材，如：本土種植的球莖茴香，台北市「五方食藏」和「主廚的秘密食材庫」在冬春時分買得到；抱子甘藍購自「好市多」或「全聯」。台北瑞安街的「水牛書店／我愛你學田市集」，也是我採購小農蔬果和歐式香腸等店家自製半成品的好地方。

乳酪、西班牙辣香腸、鹽漬酸豆和沙丁魚罐頭等進口貨品，我多半到台北市汀州路上的「主廚的秘密食材庫」採購，靠近台北捷運芝山站的「家樂福」天母店是另一處可以「挖寶」的地方。

我最常去的傳統市場是天母的士東市場，其中，專賣小農有機農產的「食穗」、農產種類較多的「小林蔬菜」和專賣台式熟食的「天母大頭鵝」，則是我較常光顧的攤商。

本書食譜中所寫的一杯，容量為200毫升，一湯匙為15毫升，一茶匙為5毫升。

又，每人口味和食量不同，書中每道菜餚的分量反映作者個人習慣，材料和調味料的比例也往往是作者個人口味，皆供參考。

老話一句，適口者珍。

生活 06

好吃不過家常菜
韓良憶的廚房手帖

作　　者　韓良憶
副總編輯　鍾宜君
行銷經理　胡弘一
行銷主任　彭澤葳
封面內頁設計　Bianco Tsai
攝影　宇曜攝影、韓良憶、侯約柏

發 行 人　梁永煌
社　　長　謝春滿
副總經理　吳幸芳
出 版 者　今周刊出版社股份有限公司
地　　址　104 台北市南京東路一段 96 號 8 樓
電　　話　886-2-2581-6196
傳　　真　886-2-2531-6438
讀者專線　886-2-2581-6196 轉 1
劃撥帳號　19865054
戶　　名　今周刊出版社股份有限公司
網　　址　http://www.businesstoday.com.tw

總 經 銷　大和書報股份有限公司
製版印刷　緯峰印刷股份有限公司
初版一刷　2020 年 8 月
初版五刷　2020 年 10 月
定　　價　360 元

場地提供
CookInn Taiwan 旅人料理教室

好吃不過家常菜：韓良憶的廚房手帖 / 韓良憶
著 . -- 初版 . -- 臺北市：今周刊，2020.08
面；　公分 . --（生活；6）
ISBN 978-957-9054-68-3（平裝）
1. 食譜

427.1　　　109010331